高等职业教育机电类专业新形态项目化精品教材

机械制图习题集

主　编　曾泽恩
副主编　冯志辉
参　编　周　献　向程谕　何腾飞
主　审　温够萍

中国轻工业出版社

图书在版编目（CIP）数据

机械制图习题集/曾泽恩主编. --北京:中国轻工业出版社，2025. 1. -- ISBN 978-7-5184-5204-0

Ⅰ. TH126-44

中国国家版本馆 CIP 数据核字第 2024AX1615 号

责任编辑：王　淳　　责任终审：李　萌
文字编辑：宋　博　　责任校对：晋　洁　　封面设计：锋尚设计
策划编辑：宋　博　　版式设计：致诚图文　　责任监印：张　可

出版发行：中国轻工业出版社（北京鲁谷东街 5 号，邮编：100040）
印　　刷：三河市国英印务有限公司
经　　销：各地新华书店
版　　次：2025 年 1 月第 1 版第 1 次印刷
开　　本：889×1194　1/16　印张：18
字　　数：210 千字
书　　号：ISBN 978-7-5184-5204-0　定价：48.00 元
邮购电话：010-85119873
发行电话：010-85119832　010-85119912
网　　址：http://www.chlip.com.cn
Email：club@chlip.com.cn

231109J2X101ZBW

前　　言

本书是《机械制图》（曾泽恩、冯志辉、向程谕主编，中国轻工业出版社出版）教材的配套习题集。本书根据教育部制定的《高等职业学校专业教学标准》及现行有关机械制图国家标准，并结合机械制图教学改革的实践经验，充分考虑应用型高校人才培养目标的要求而编写，是一本系统而又与生产实际结合紧密的习题集，画图从简单到复杂，按项目工作任务练习分步画图的方法和步骤开展学习，内容丰富。读者在使用中结合专业的实际，可以自行选择其中的内容。

本书共分为七个项目，主要内容包括：项目一 绘制平面图形，项目二 投影法及物体三视图绘制，项目三 运用常用表达方法表达机件，项目四 标准件、常用件的特殊表达，项目五 识读与绘制零件图，项目六 识读与绘制装配图，项目七 计算机绘图。

本书由曾泽恩担任主编，冯志辉担任副主编。周献、向程谕、何腾飞参与了本书的编写工作。具体编写分工如下：曾泽恩编写项目五、项目六，冯志辉编写项目一、项目二、项目七，周献、向程谕编写项目三，何腾飞编写项目四。全书由温够萍主审。

由于编者水平有限，书中难免存在不妥之处，敬请专家和广大读者批评指正。

编者

目　　录

项目一　绘制平面图形

任务一　运用制图标准规定绘图

1. 字体及常用符号书写练习

制 图 比 例 尺 寸 投 影 三 视 图 技 术 要 求 热 处 理 调 质 硬 度 材 料 公 差 弧 度 粗 糙 度 偏 差 零 件 装 配

宽 为 限 紧 用 功 工 夫 到 滞 塞 通 心 有 疑 随 札 记 就 人 问 求 确 人 非 圣 书 舜 勿 视 蔽 聪 明 坏 心 志 记

0 1 2 3 4 5 6 7 8 9　$\alpha\ \beta\ \gamma\ \phi\ \mu\ \omega$　*A B C D E F G H I J K L M N O P Q R S T U V W X Y Z*

0 1 2 3 4 5 6 7 8 9 Ⅰ Ⅱ Ⅲ Ⅳ Ⅴ Ⅵ Ⅶ Ⅷ Ⅸ Ⅹ　*a b c d e f g h i j k l m n o p q r s t u v w x y z*

班级：________　姓名：________　学号：________

2. 图线练习（在指定位置画出下列图线）

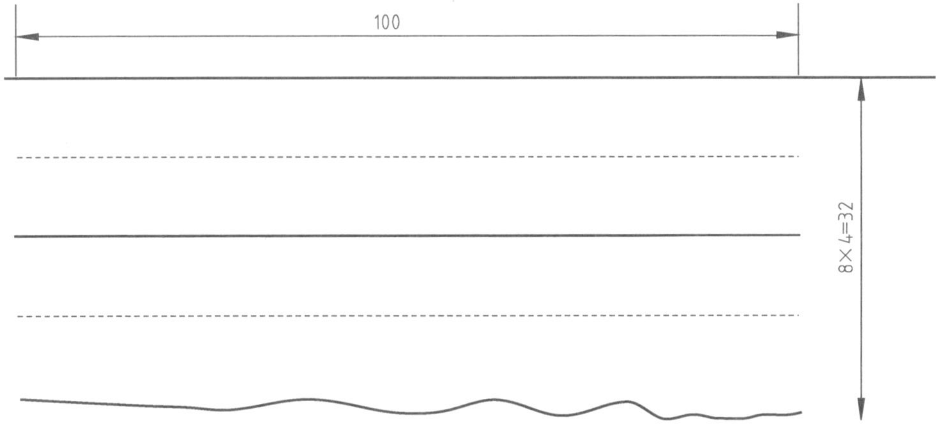

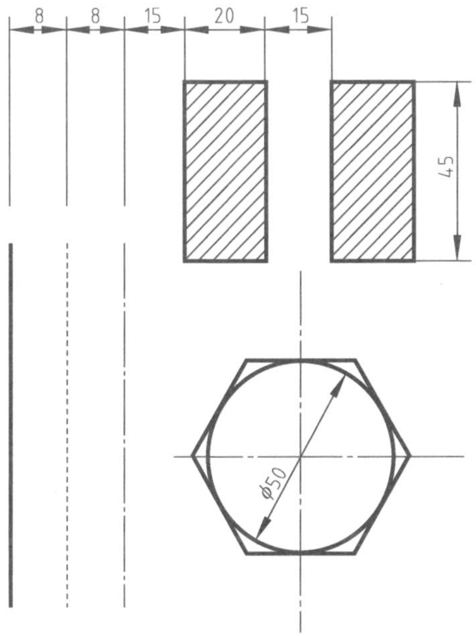

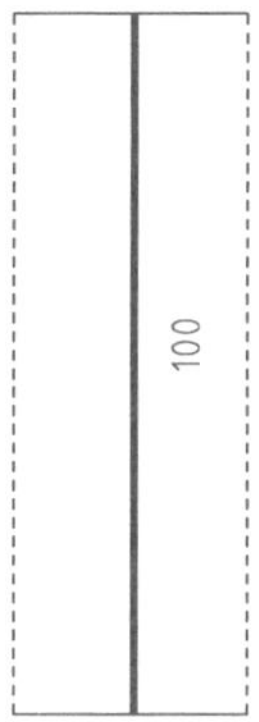

班级：________ 姓名：________ 学号：________

作业指导书

1. 目的

（1）熟悉主要线型的规格，掌握图框及标题栏的画法。

（2）练习使用绘图工具。

2. 内容与要求

（1）按教师指定的图例，抄画图形。

（2）用 A4 图纸，竖放，不注尺寸，比例 1∶1。

3. 作图步骤

画底稿（用 2H 或 3H 铅笔）。

（1）画图框及对中符号。

（2）在右下角画标题栏。

（3）按图例中所注的尺寸，开始作图。

（4）校对底稿、擦去多余的图线。

铅笔加深（用 HB 或 B 铅笔）。

（1）画粗实线圆、细虚线圆和细点画线圆。

（2）依次画出水平方向和垂直方向的直线。

（3）画 45°的斜线，斜线间隔约 3（本习题集文字叙述和图例中的尺寸单位均为 mm，未标出）（目测）。

（4）用长仿宋体字填写标题栏（参见右图）。

4. 注意事项

（1）绘图前，预先考虑图例所占的面积，将其布置在图纸有效幅面（标题栏以上）的中心区域。

（2）粗实线宽度采用 0.7。细虚线每一小段长度 3～4，间隙约 1；细点画线每段长度 15～20，间隙及作为点的短画共约 3。细虚线和细点画线的线段与间隔，在画底稿时就应正确画出。

（3）箭头的尾部宽约 0.7，箭头长度约 4。

（4）加深时，圆规的铅芯应比画直线的铅笔的铅芯软一号。

5. 图例

图例见右图。

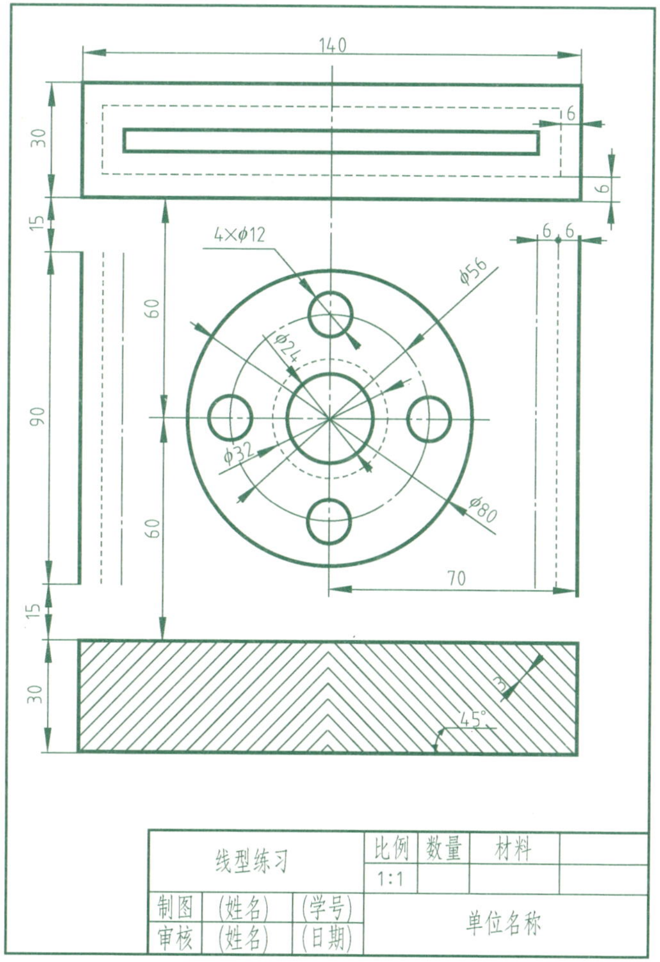

3. 尺寸注法练习

(1) 注写尺寸：在给定的尺寸线上画出箭头，填写尺寸数字（尺寸数字按1∶1从图上量取，取整数）。

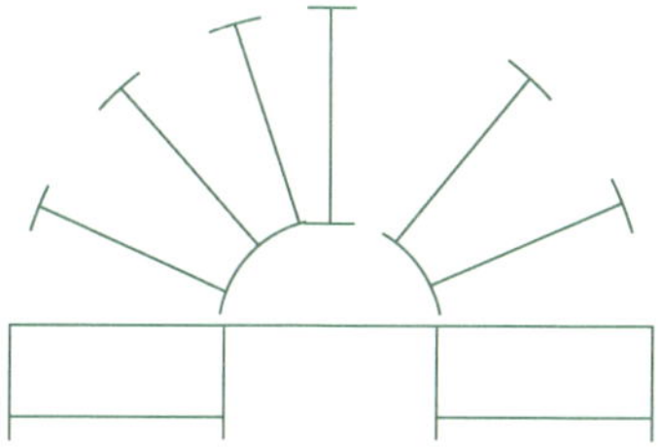

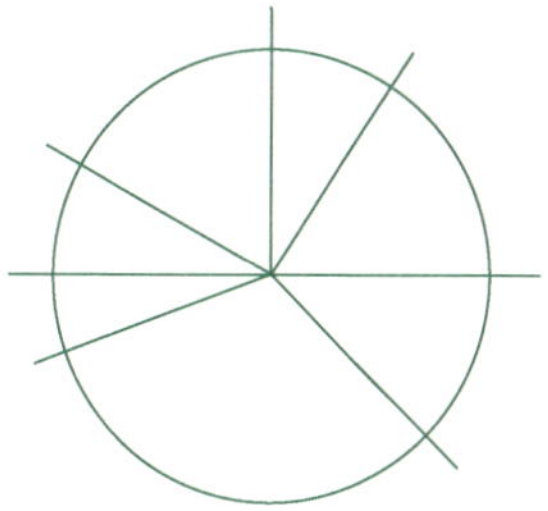

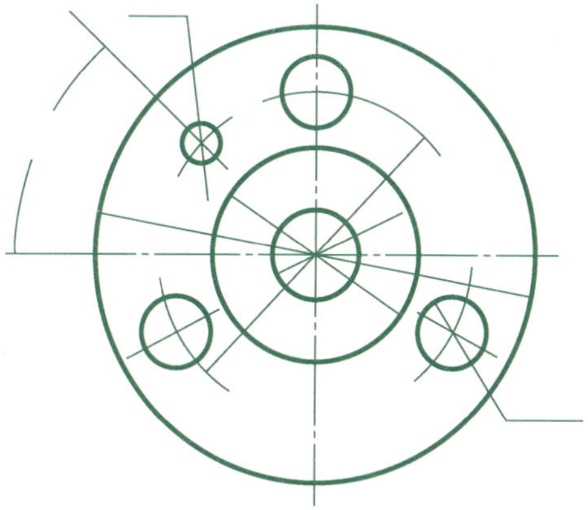

(2) 尺寸注法改错：查出尺寸标注的错误，并在右边空白图上正确标注。

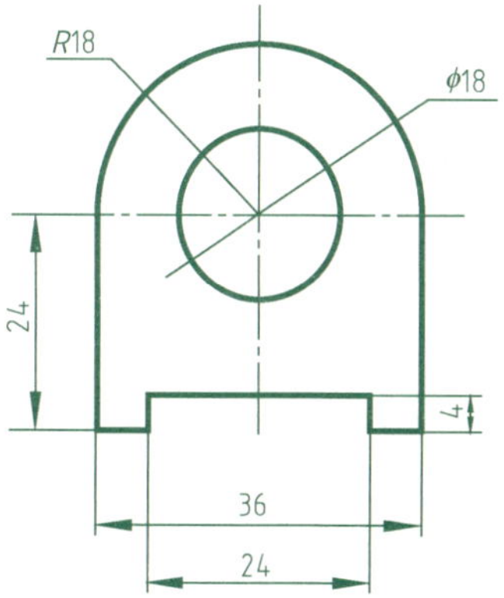

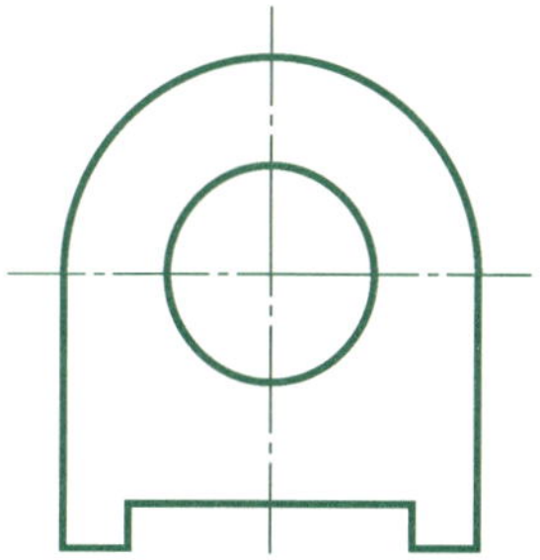

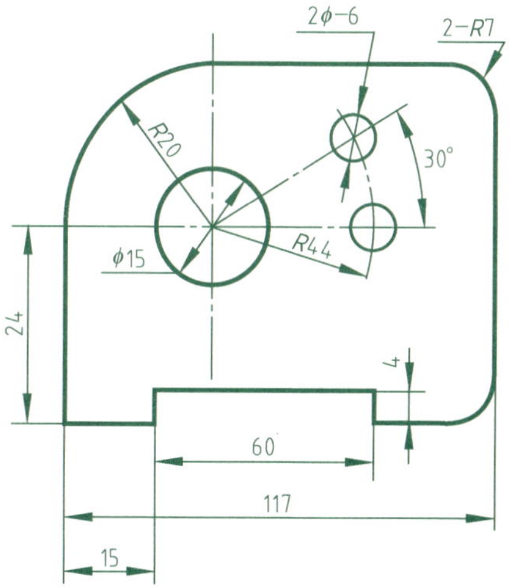

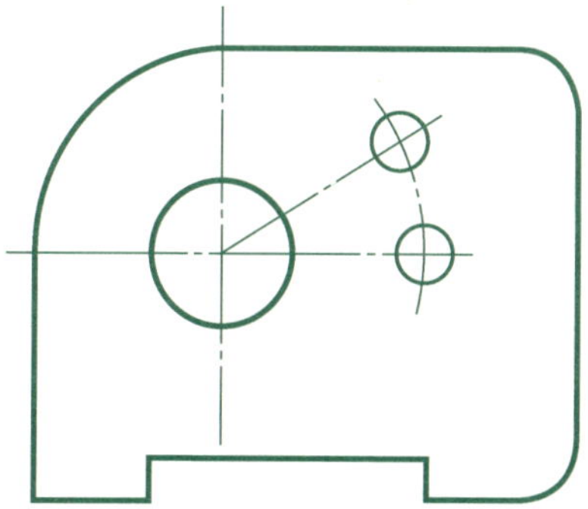

班级：＿＿＿＿＿＿ 姓名：＿＿＿＿＿＿ 学号：＿＿＿＿＿＿

(3) 分析下列平面图形并标注尺寸。

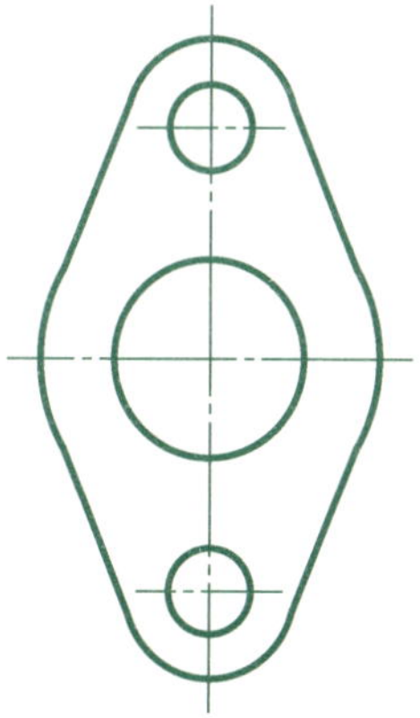

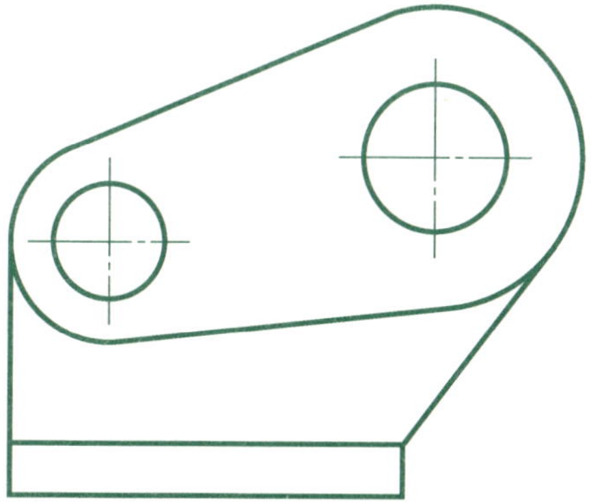

(4) 按下图所示尺寸及图形在指定位置绘制图形，并标注尺寸。

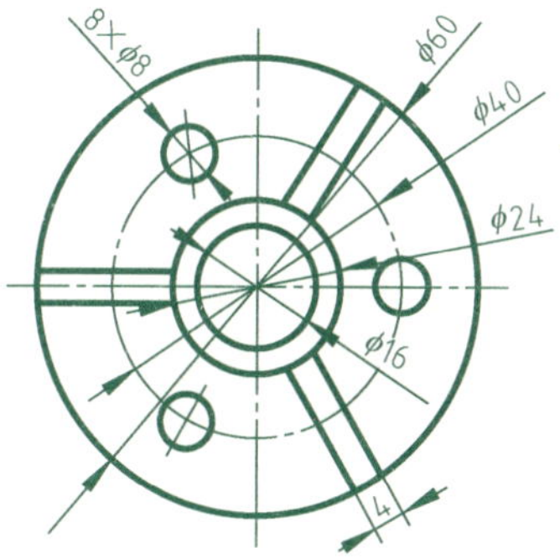

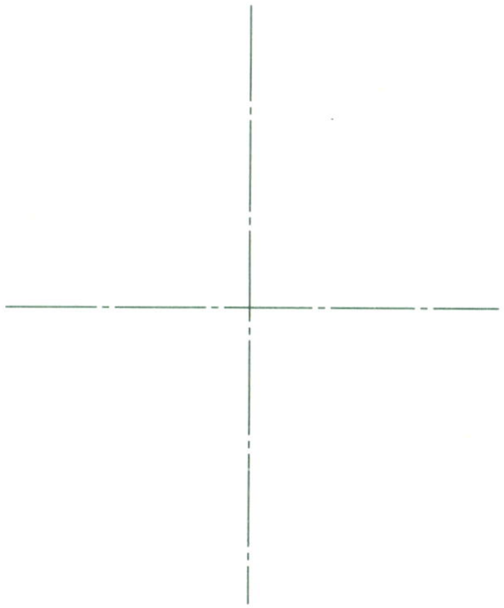

（5）参照图形，在指定位置按1∶1画出图形并标注尺寸。

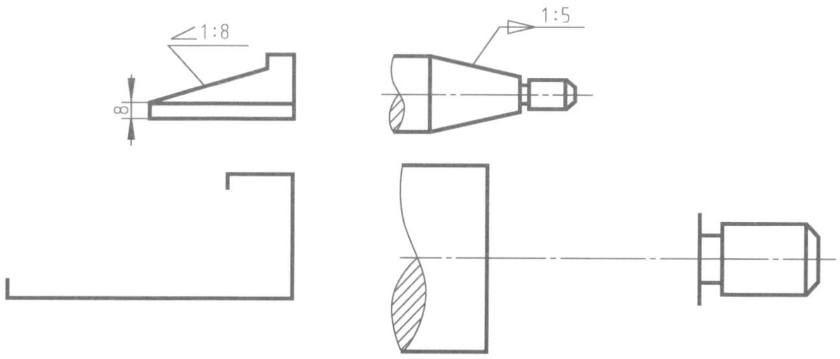

（6）参照图形，在指定位置按1∶1画出图形并标注尺寸。

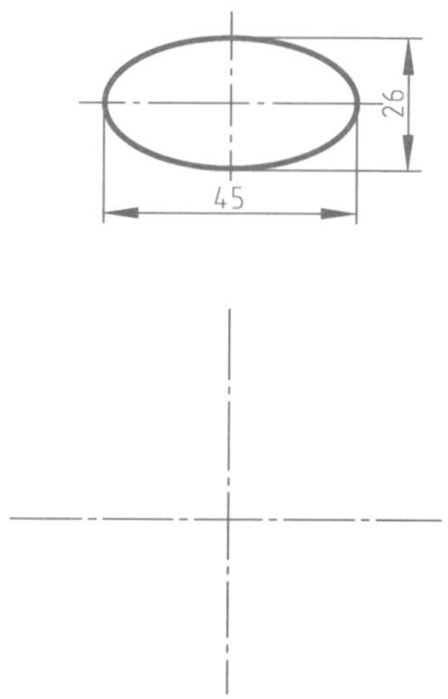

（7）根据小图尺寸按比例要求完成大图。

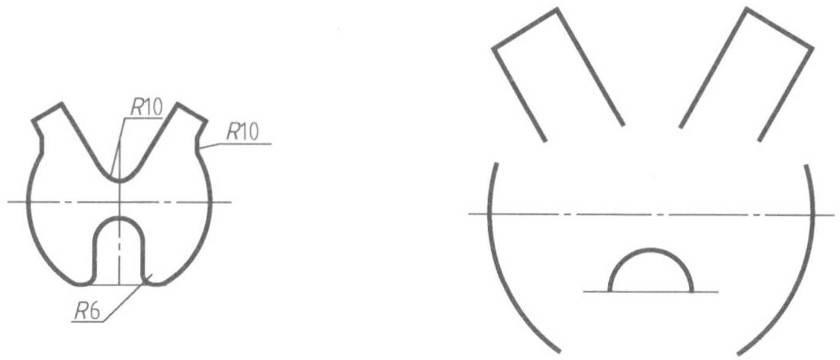

（8）根据小图尺寸按比例要求完成大图。

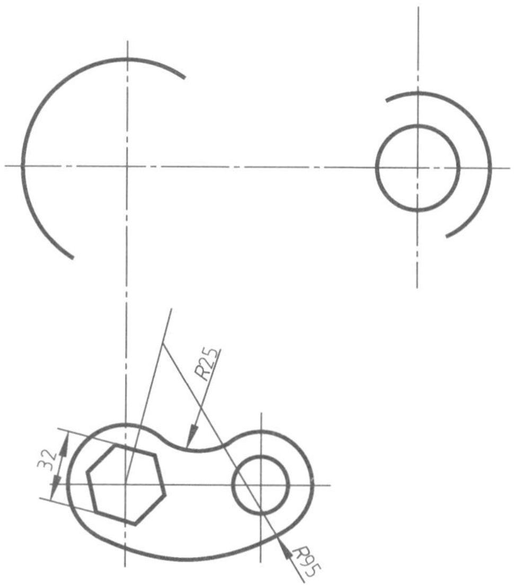

班级：＿＿＿＿＿＿ 姓名：＿＿＿＿＿＿ 学号：＿＿＿＿＿＿

任务二　手工绘制吊钩平面图

绘制平面图形

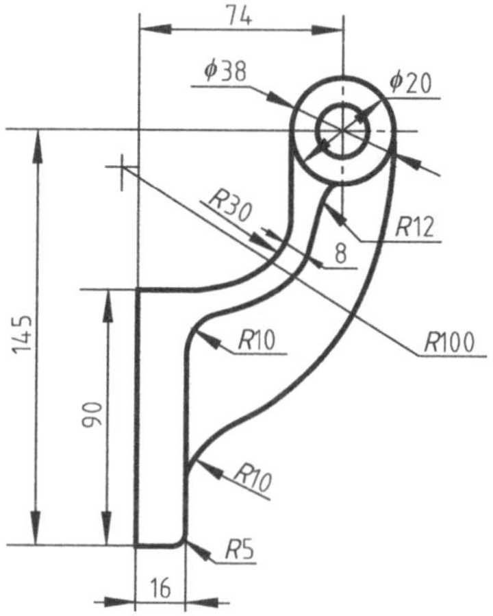

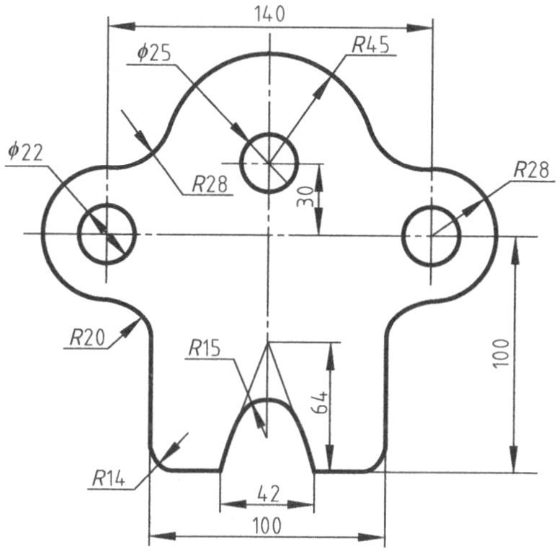

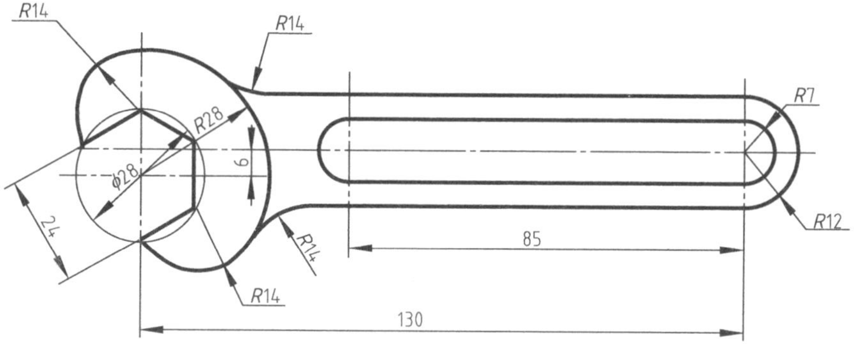

班级：＿＿＿＿＿＿　　姓名：＿＿＿＿＿＿　　学号：＿＿＿＿＿＿

知识点回顾

依据所学知识完成以下填空：

1. 图纸的幅面分为__________幅面和__________幅面两类，基本幅面按尺寸大小可分为__________种，其代号分别为__________________________。

2. 比例是指图中__________与其____________________之比。图样上标注的尺寸应是机件的__________尺寸，与所采用的比例__________关。

3. 常用比例有__________、__________和__________三种，比例 1∶2 是指__________是________________的 2 倍，属于__________比例；比例 2∶1 是指__________是__________的 2 倍，属于__________比例。

4. 图样中书写的汉字、数字和字母，必须做到______________________________，汉字应用__________体书写，数字和字母应书写为__________体或__________体。

5. 图样中，机件的可见轮廓线用__________画出，不可见轮廓线用__________画出，尺寸线和尺寸界线用__________画出，对称中心线和轴线用__________画出。虚线、细实线和细点画线的图线宽度约为粗实线的__________。

6. 标注尺寸的四要素是__________、__________、__________、__________。

7. 图样上的尺寸是零件的__________尺寸，尺寸以__________为单位时，不需标注代号或名称。

8. 尺寸标注中的符号：R 表示__________，ϕ表示__________，$S\phi$表示__________，t 表示__________，C 表示__________。

9. 标注水平尺寸时，尺寸数字的字头方向应__________；标注垂直尺寸时，尺寸数字的字头方向应__________。角度的尺寸数字一律按__________位置书写。当任何图线穿过尺寸数字时都必须__________。

10. 斜度是指__________对______________________________的倾斜程度，用符号__________表示，标注时符号的倾斜方向应与所标斜度的倾斜方向__________。锥度是指__________的比，锥度用符号__________表示，标注时符号的锥度方向应与所标锥度方向__________。

11. 平面图形中的线段可分为__________、__________、__________三种。它们的作图顺序应是先画出__________，然后画__________，最后画__________。

12. 已知定形尺寸和定位尺寸的线段称为__________；有定形尺寸，但定位尺寸不全的线段称为__________；只有定形尺寸没有定位尺寸的线段称为__________。

班级：______________ 姓名：______________ 学号：______________

项目二　投影法及物体三视图绘制

任务一　绘制简单物体的三视图

对照立体图补画第三视图

(1)

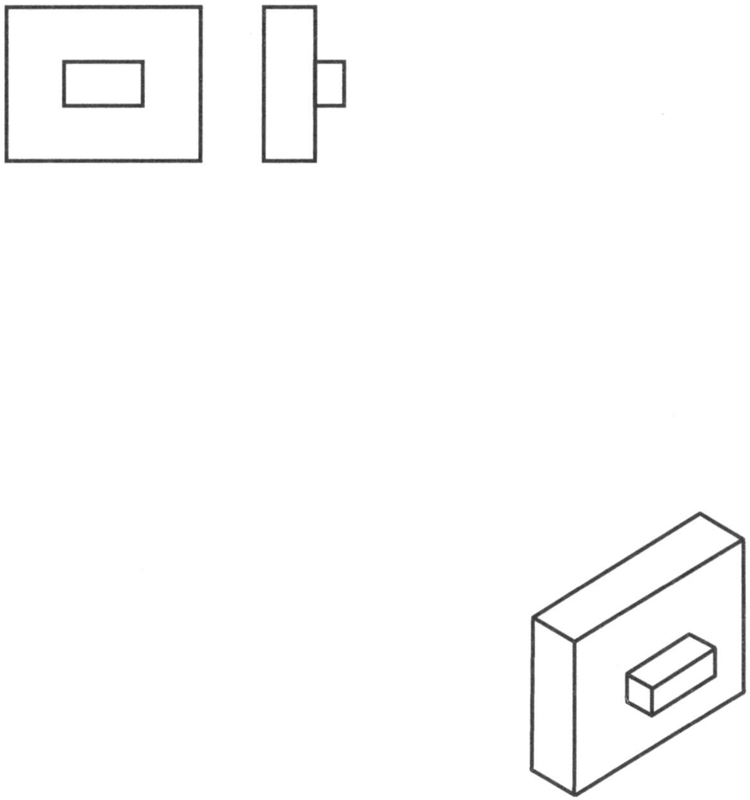

(2)

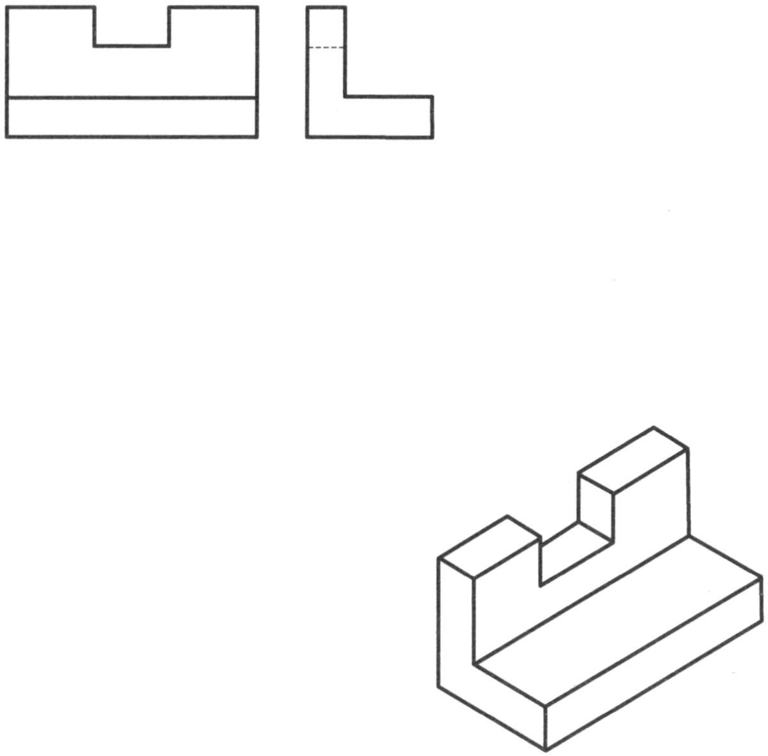

班级：____________　姓名：____________　学号：____________

(3)

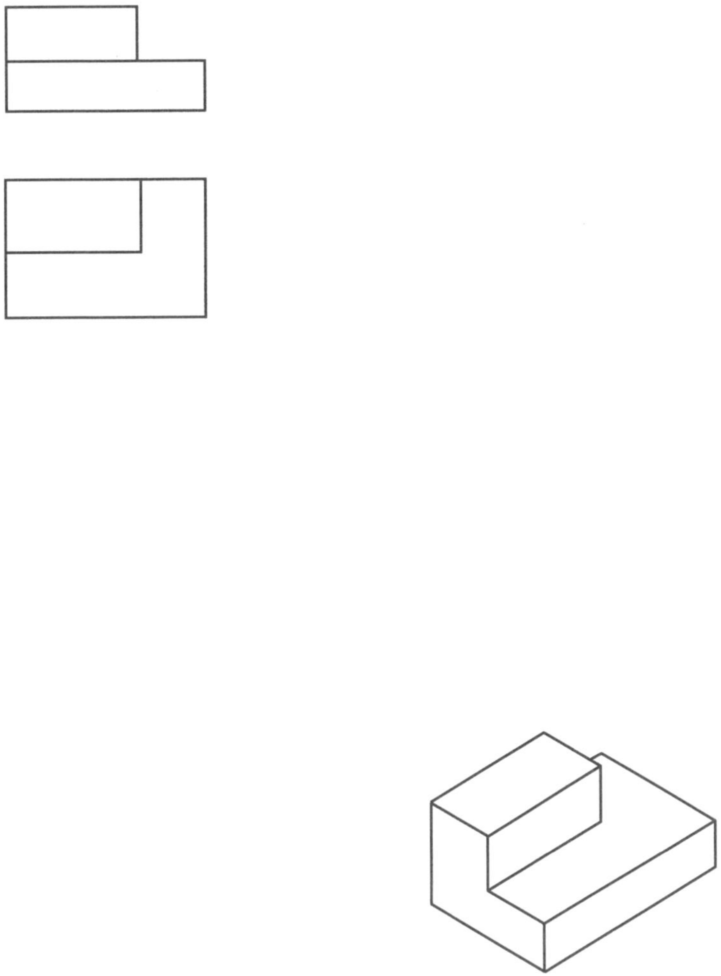

(4)

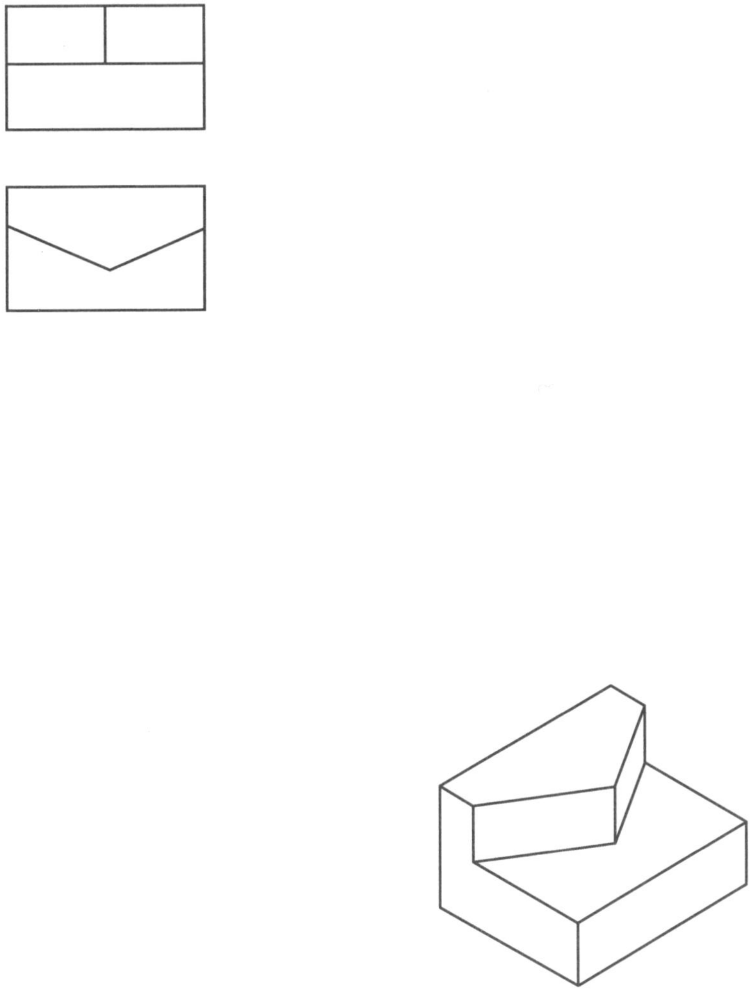

任务二　求作基本体表面上的点、线、面

（1）已知各点的空间位置，试作投影图，并填写出各点距投影面的位置（单位：mm）。

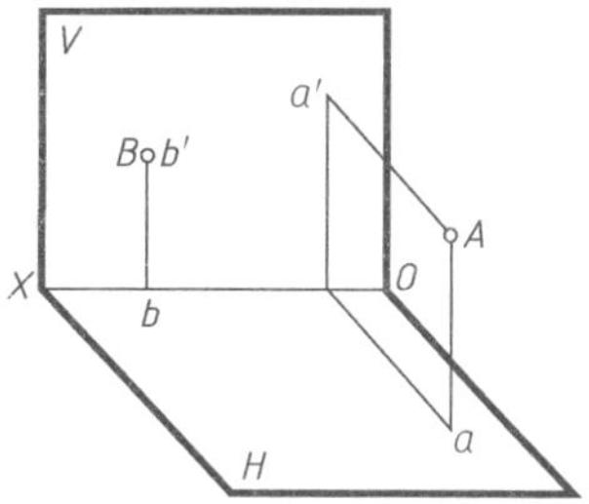

点	距H面	距V面
A		
B		

（2）已知各点的空间位置，试作投影图，并填写出各点距投影面的位置（单位：mm）。

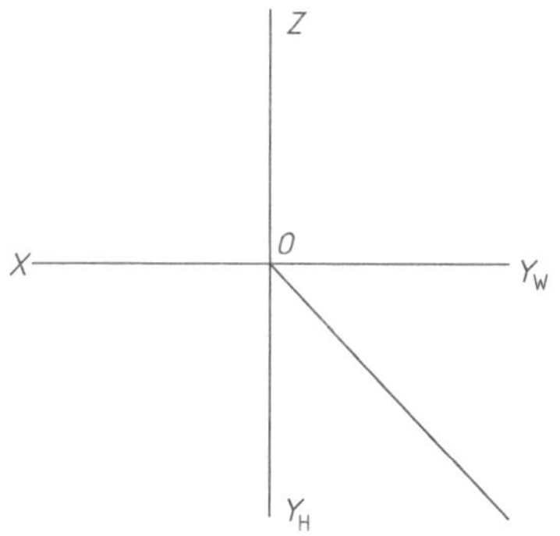

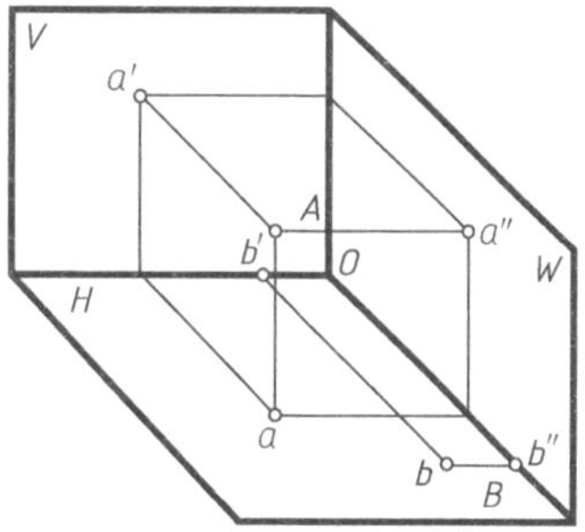

点	距H面	距V面	距W面
A			
B			

(3) 画出各点的空间位置。

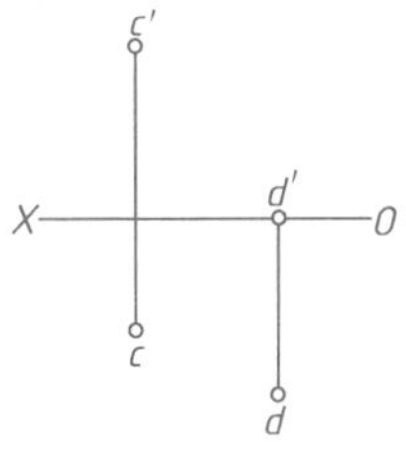

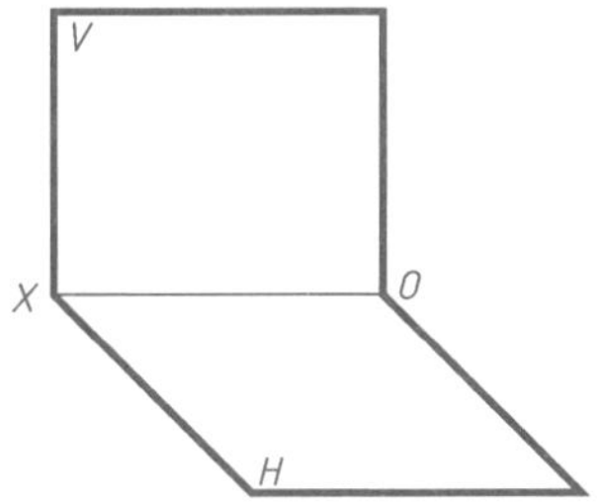

(4) 求下列各点的第三面投影，并填写出各点距投影面的距离。

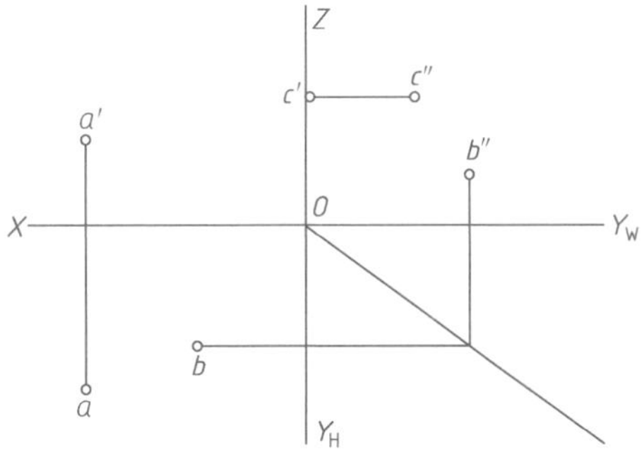

点	距H面	距V面	距W面
A			
B			
C			

班级：________ 姓名：________ 学号：________

（5）已知各点的坐标值，求作三面投影图。

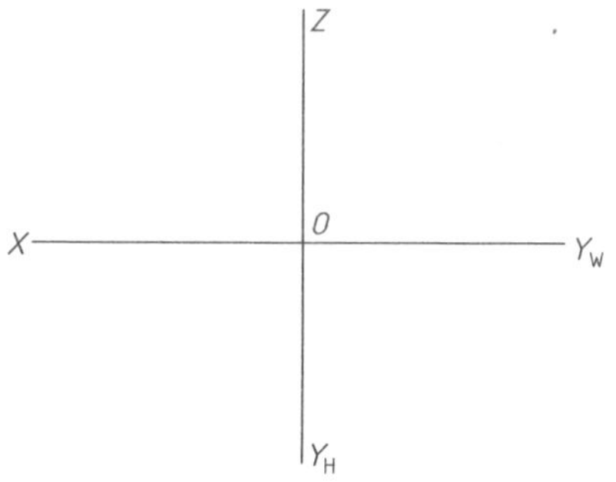

点	X	Y	Z
A	10	15	5
B	20	10	20

（6）已知点 A 的三面投影，并知点 B 在点 A 正上方 10mm，点 C 在点 A 正右方 15mm。求两点 B、C 的三面投影图。

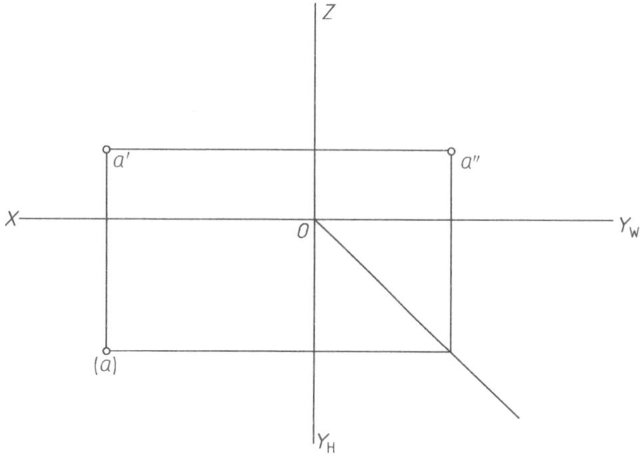

（7）已知各点的投影，试判断各点与点 A 的位置，并对投影图中的重影点判别可见性。

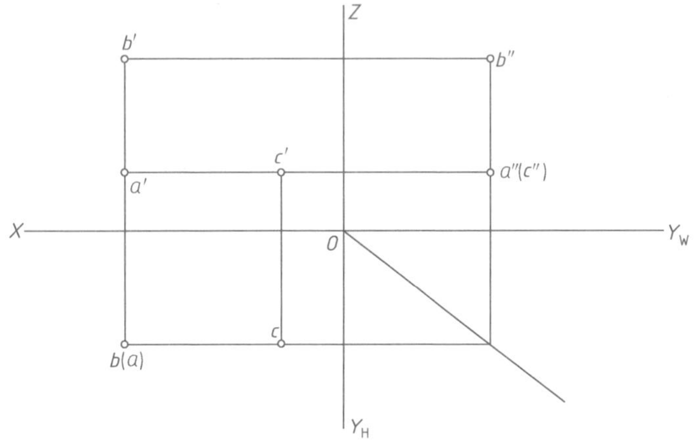

（8）已知各点的三面投影，填写出各自的坐标值。

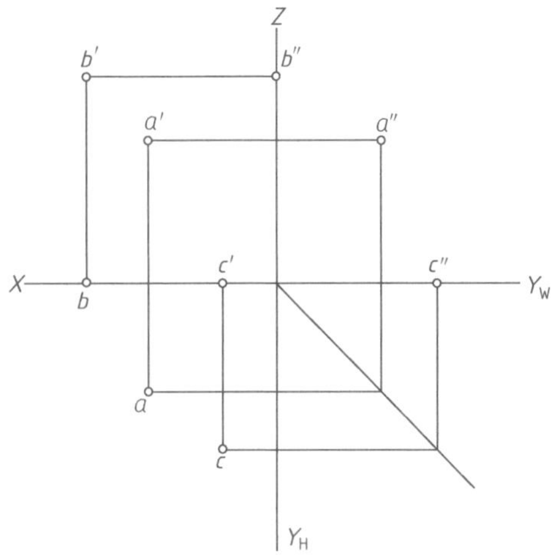

点	X	Y	Z
A			
B			

班级：______ 姓名：______ 学号：______

（9）已知直线上两端点 A（30，25，6）、B（6，5，25），作出该直线的三面投影图。

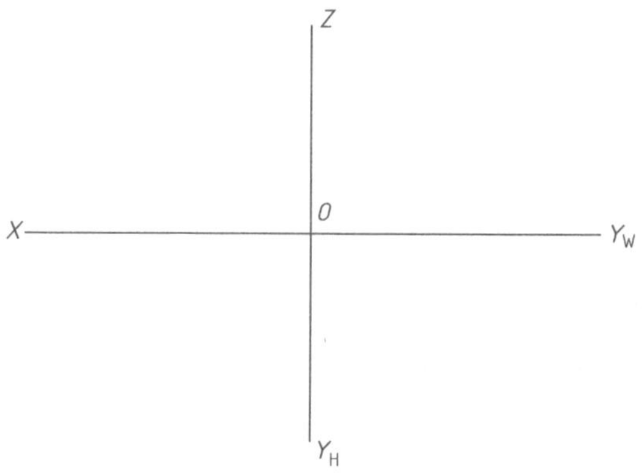

（10）已知直线 AB 上一点 C 距 H 面 15mm，求点 C 的 V、H 面投影。

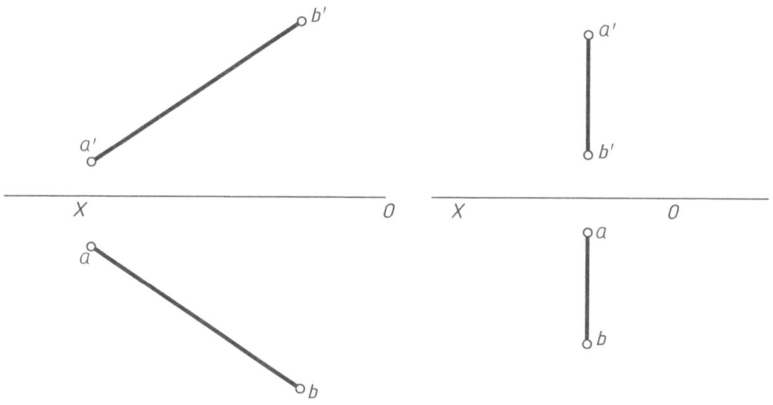

班级：__________ 姓名：__________ 学号：__________

（11）在直线 AB 上有一点 C，且 AC∶CB= 1∶2，作出点 C 的两面投影。

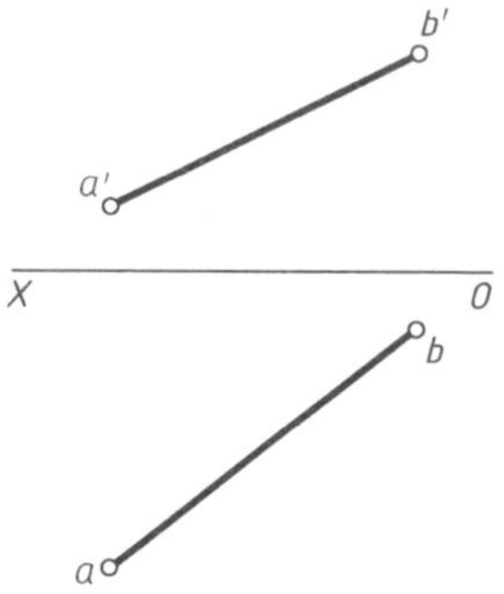

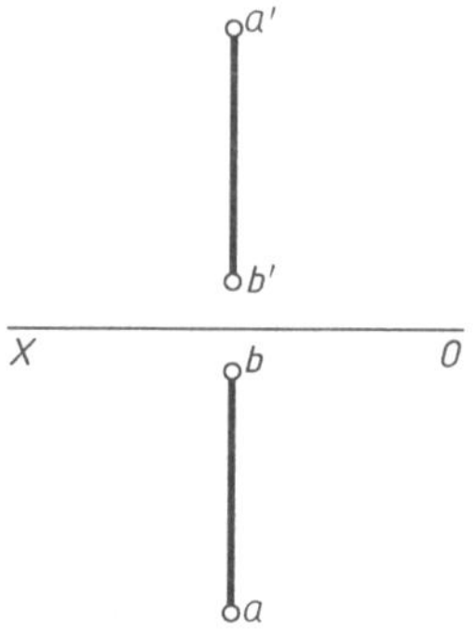

（12）判别下列各直线对投影面的相对位置，并补画第三面投影。

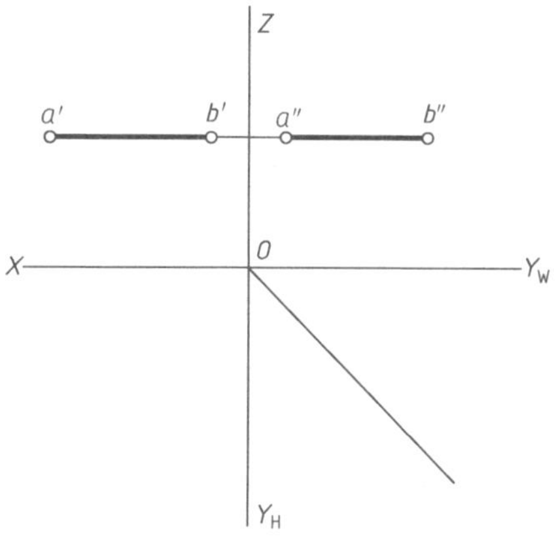

① ________

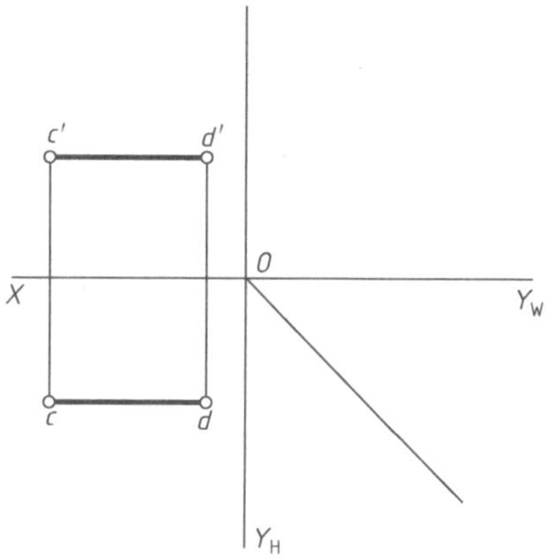

② ________

（13）判别直线对投影面的相对位置，并补画第三面投影。

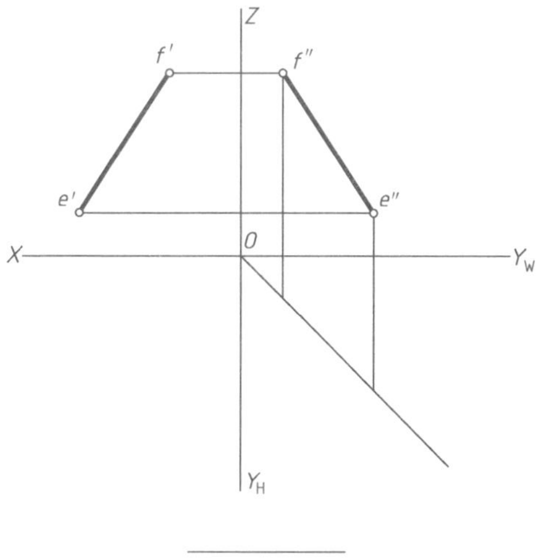

（14）求线段 AB 的实长及对 3 个投影面的夹角 α、β、γ。

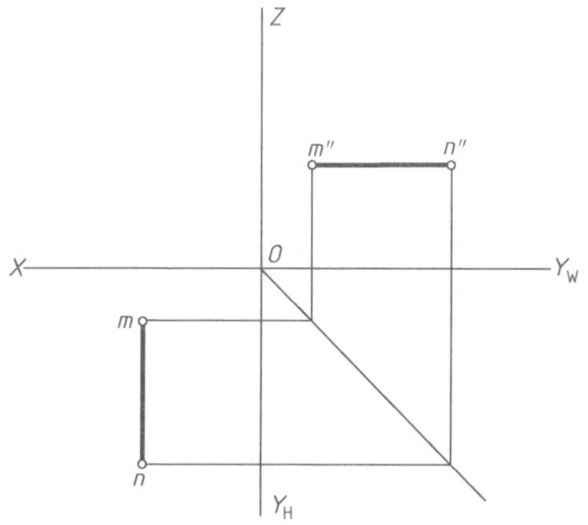

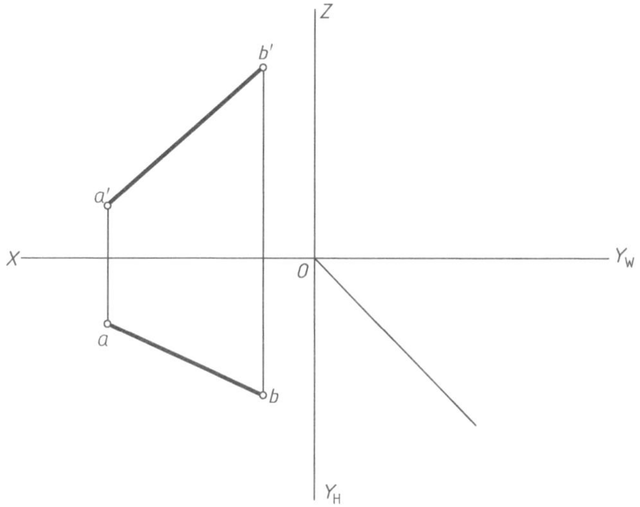

班级：__________ 姓名：__________ 学号：__________

（15）在线段 AB 上取一点 C，令 AC= 20mm，确定点 C 的投影。

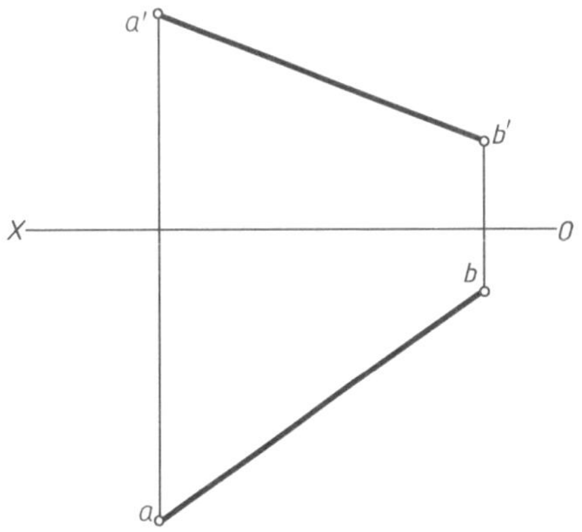

（16）已知 B 点距 H 面 30mm，求 AB 的正投影。

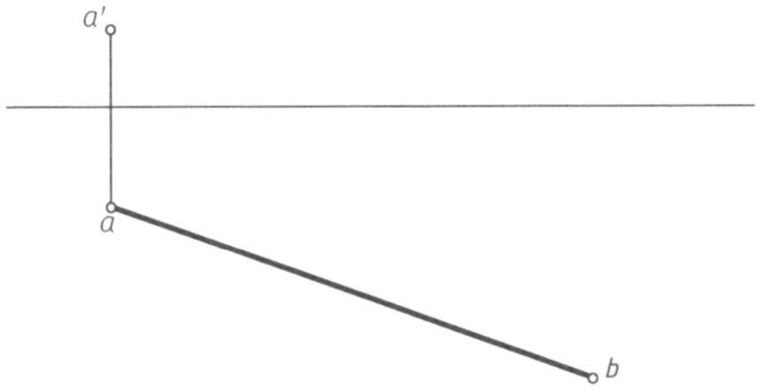

（17）已知 a′b′、a 及 AB= 45mm，完成线段 AB 的水平投影。

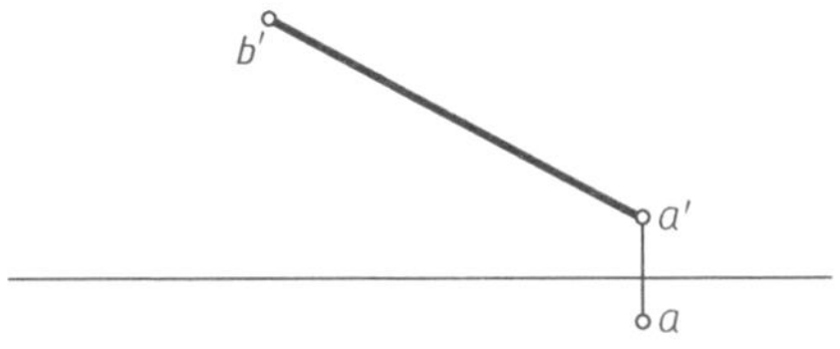

班级：________ 姓名：________ 学号：________

（18）判断两直线的相对位置。

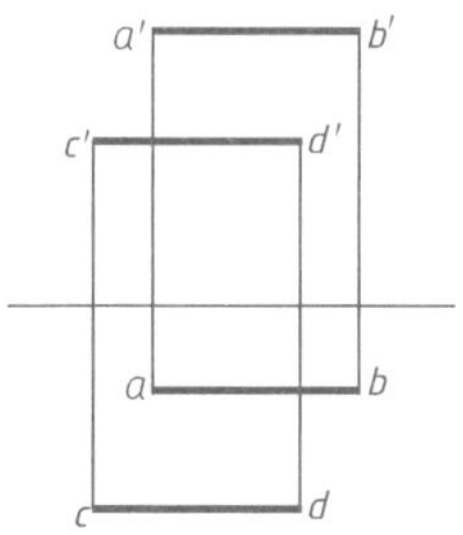

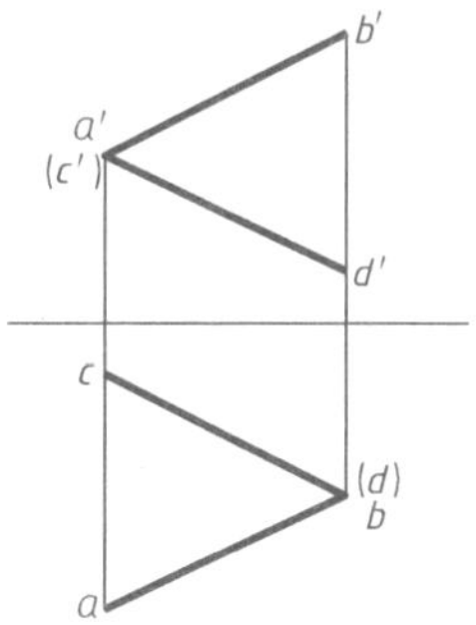

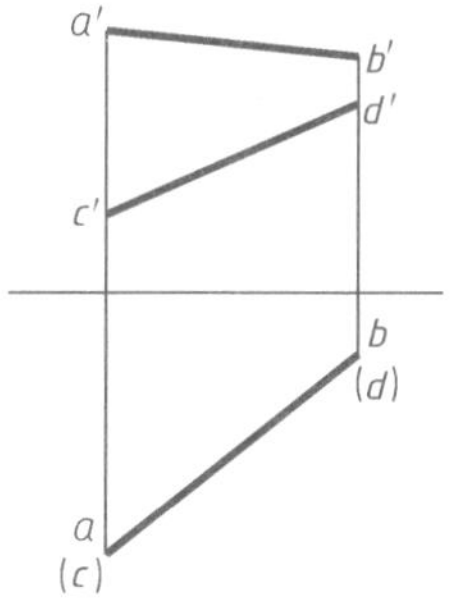

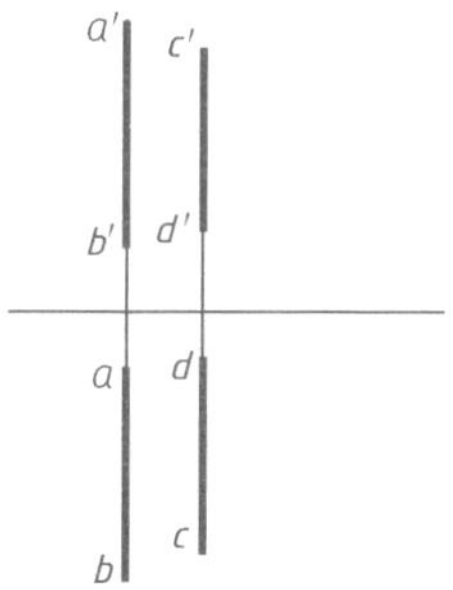

（19）判别交叉两直线的重影点及可见性。

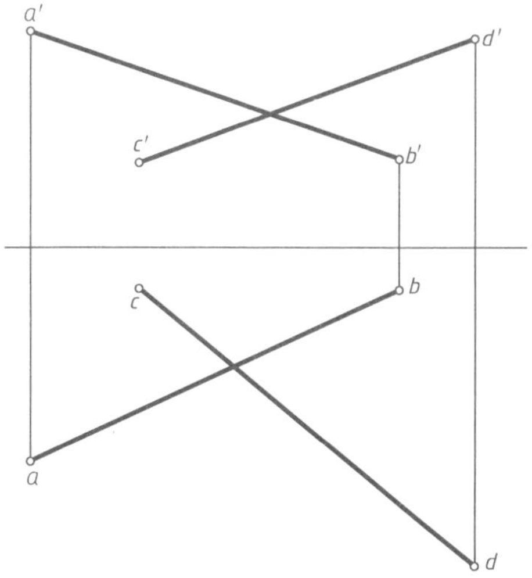

（20）已知直线 AB、CD，试过点 E 作一直线 EF，令 EF 既与 AB 平行又与 CD 相交。

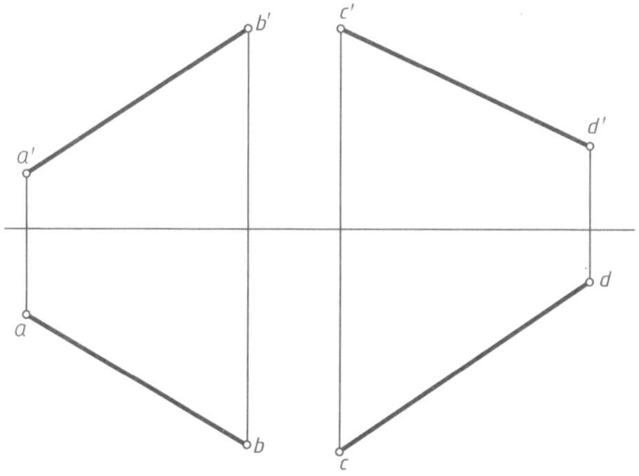

班级：________ 姓名：________ 学号：________

(21) 过点 K 作一直线，使之与直线 AB 垂直相交。

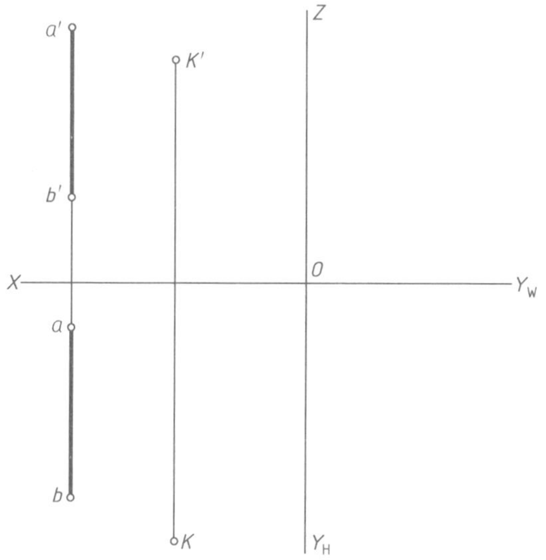

(22) 求点 M 到直线 AB 的真实距离。

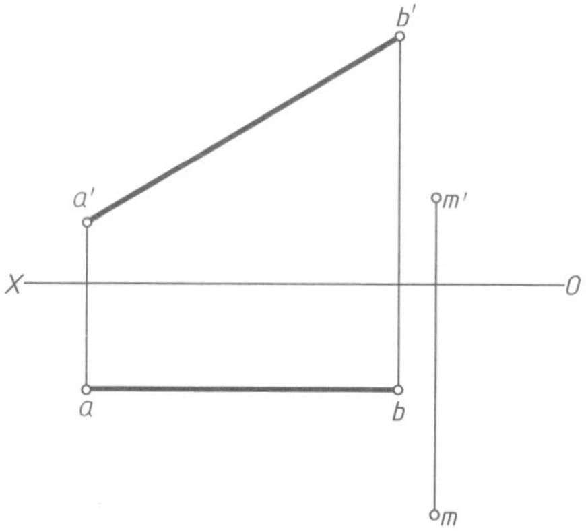

(23) 作一直线 MN，使之与两已知直线 AB、CD 均垂直相交。

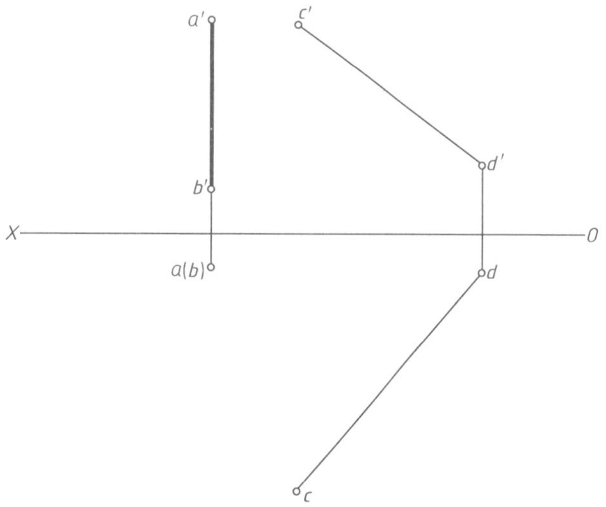

(24）已知平面 ABCD 为矩形，完成其两面投影。

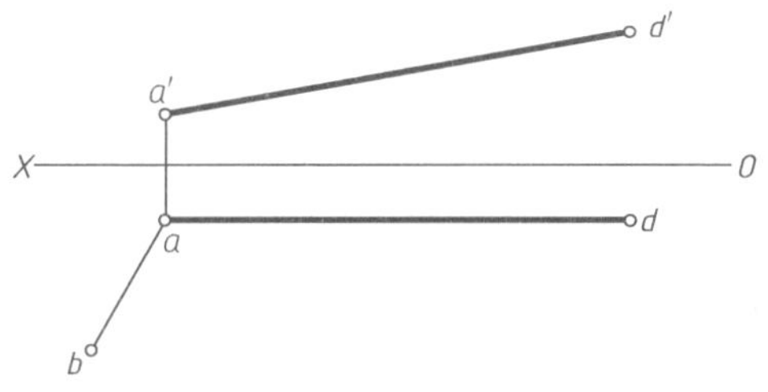

(25）已知点 K 是平面 ABCD 上的点，求其另一面投影。

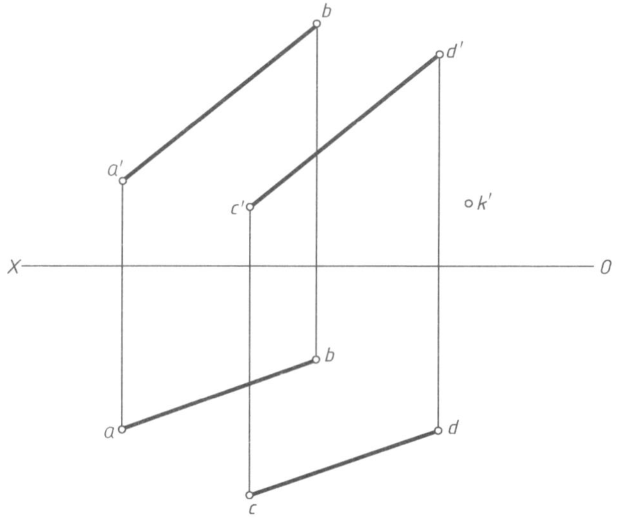

班级：______ 姓名：______ 学号：______

(26) 已知平面内点 K 的一个投影，求另一投影。

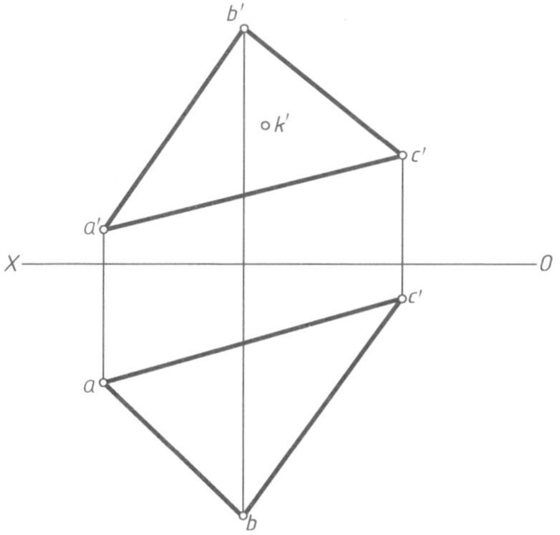

(27) 已知平面内点 K 的一个投影，求另一投影。

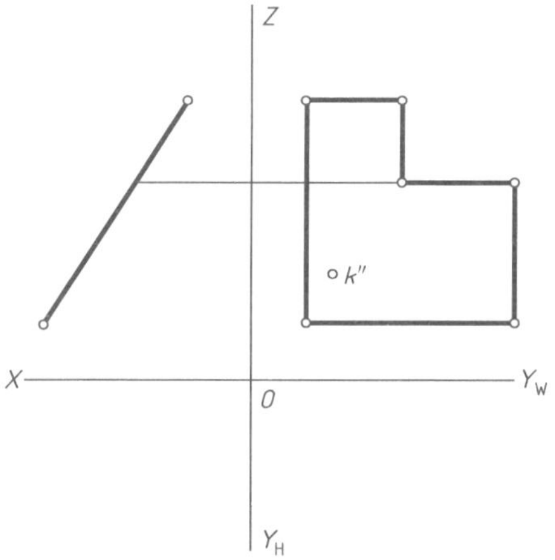

班级：________ 姓名：________ 学号：________

(28) 已知平面内点 K 的一个投影，求另一投影。

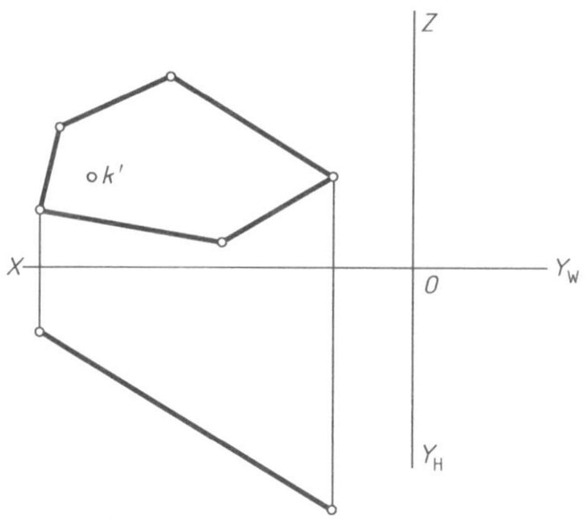

(29) 完成五边形的水平投影。

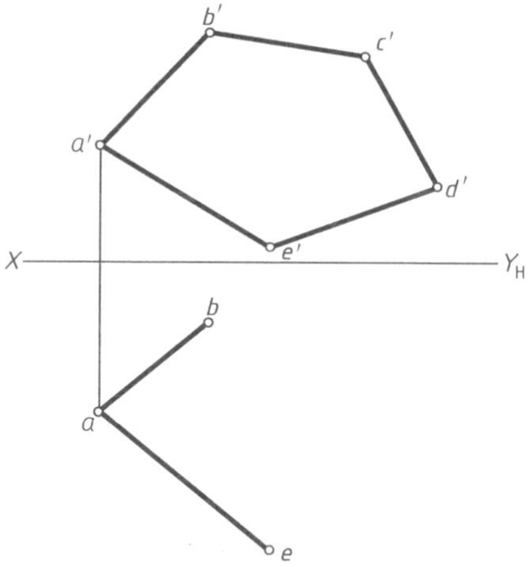

班级：______ 姓名：______ 学号：______

(30) 判别点 A、B、C、D 是否在同一平面内。

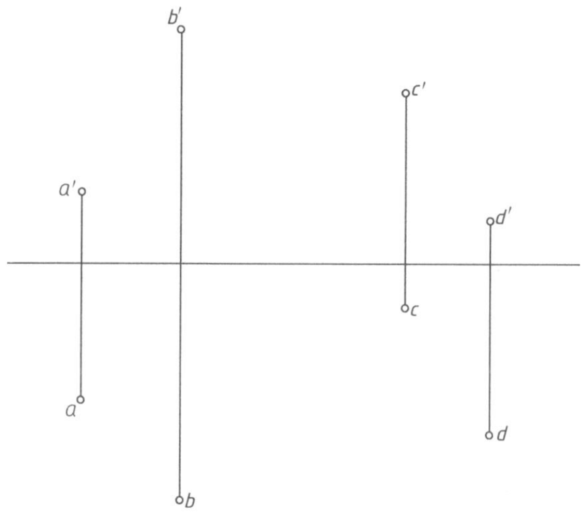

(31) 在△ABC 内过点 A 作一条水平线，过点 C 作一条正平线。

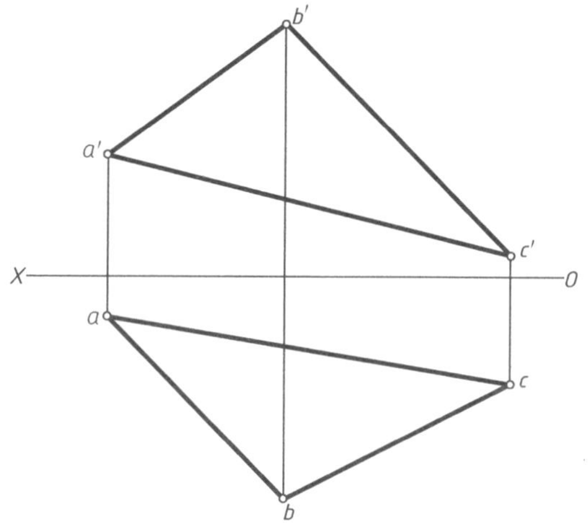

班级：__________ 姓名：__________ 学号：__________

（32）已知平面立体的两投影，补画第三投影，求其表面上点的另两投影。

①

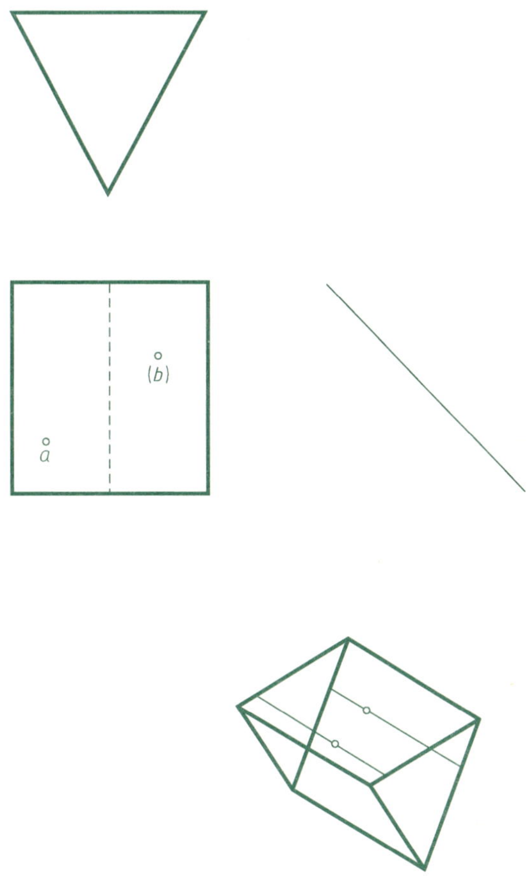

②

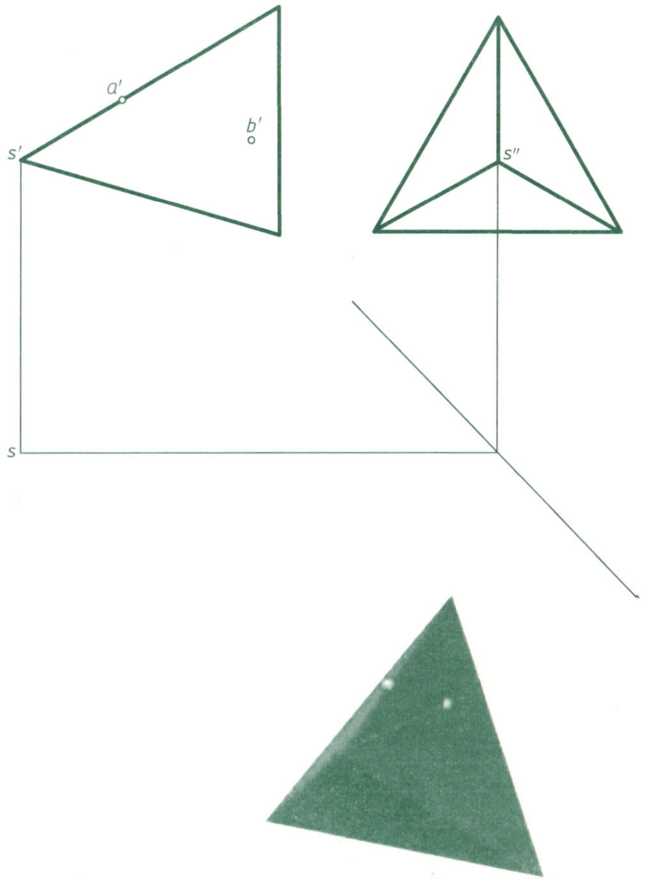

班级：______ 姓名：______ 学号：______

（33）已知曲面立体已表面上点的一个投影，求其另两投影。

①

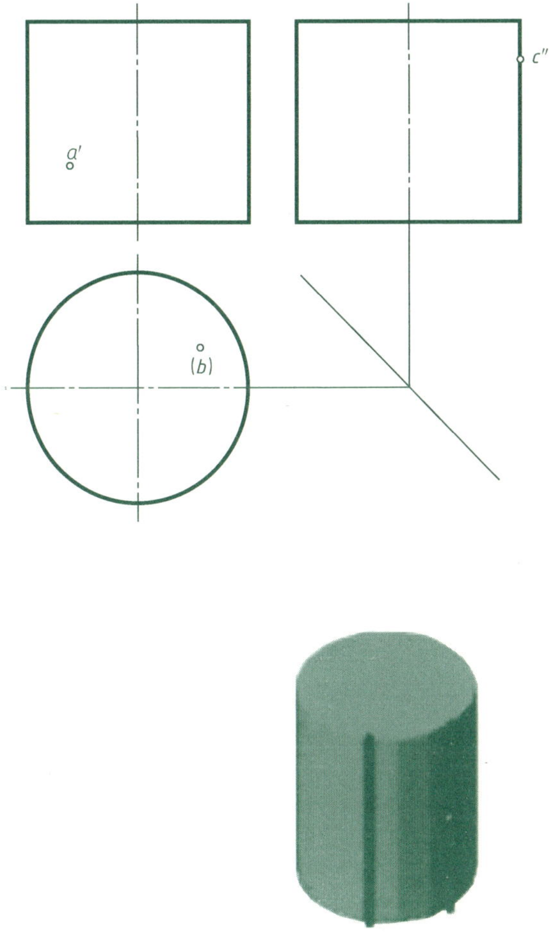

②

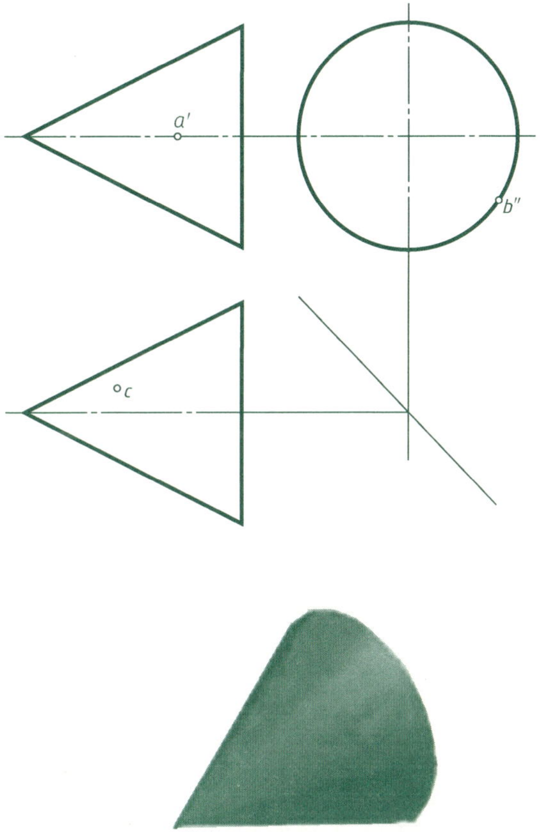

③

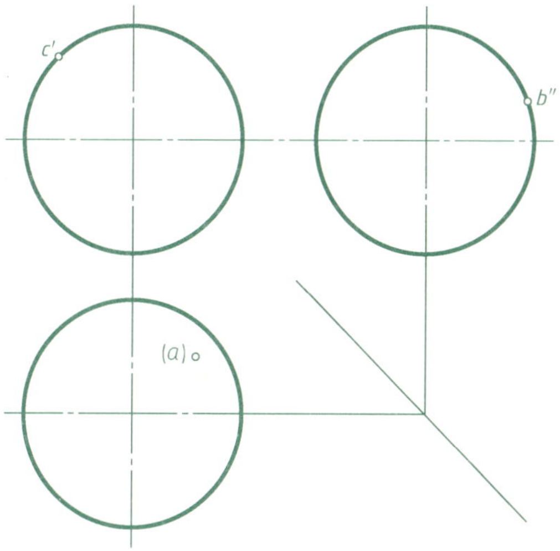

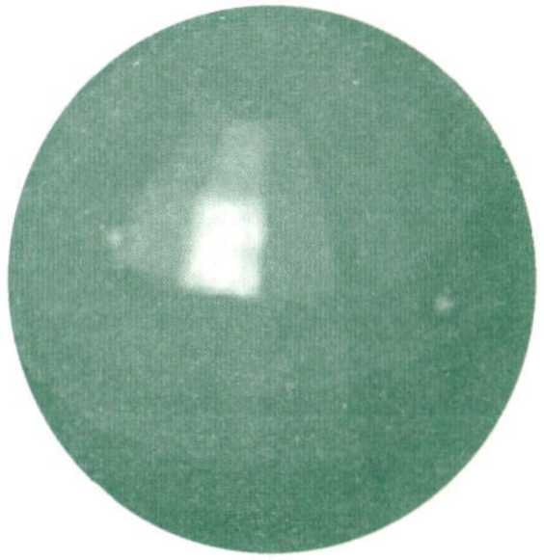

④

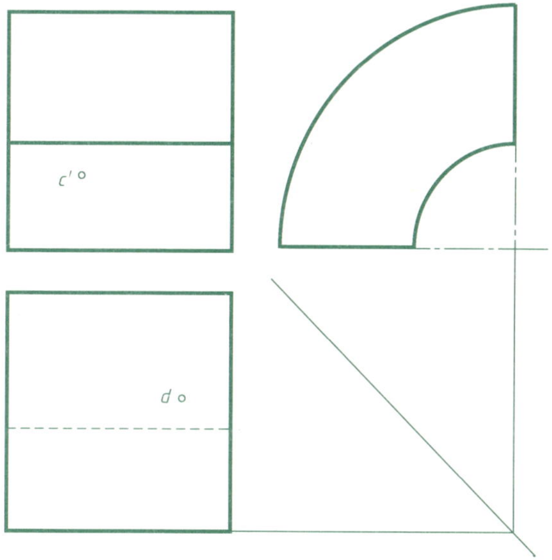

1. 完成截断体的三面投影

（1）

（2）

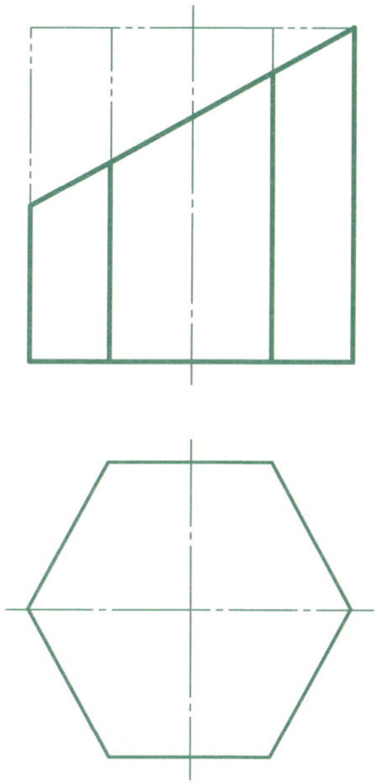

班级：________　姓名：________　学号：________

(3)

(4)

(5)

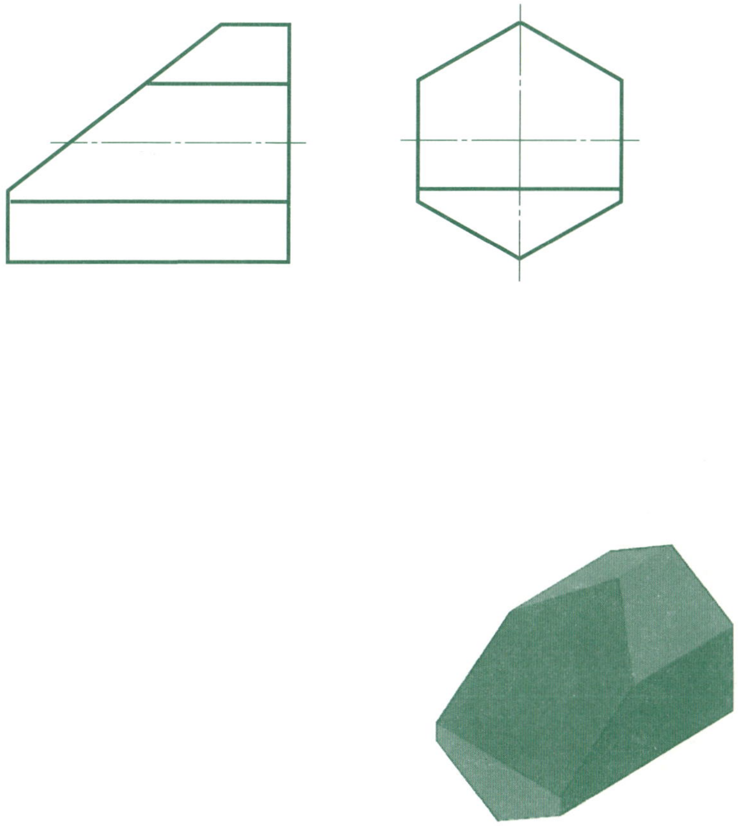

(6)

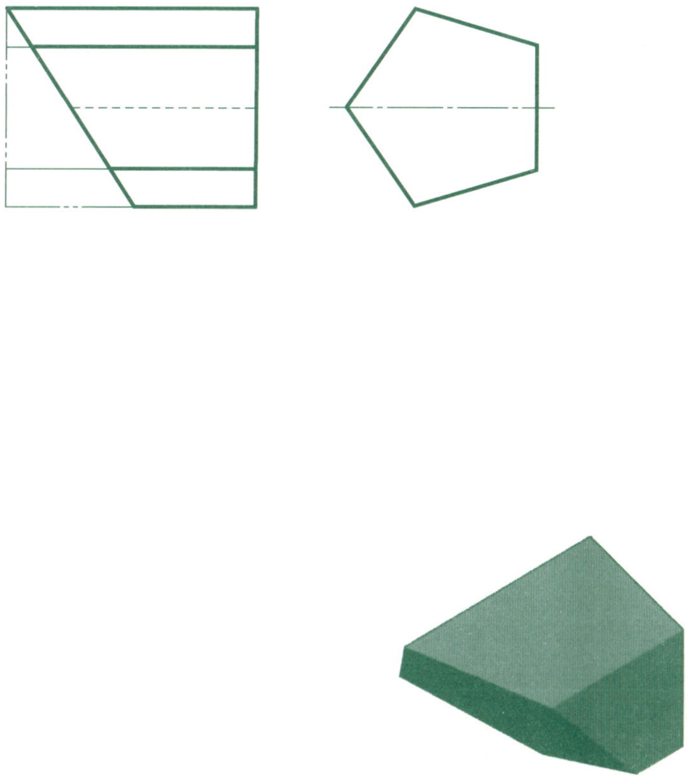

(7)

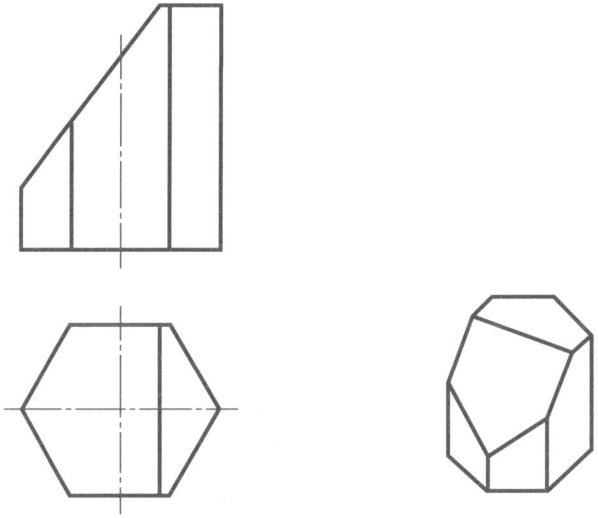

(8)

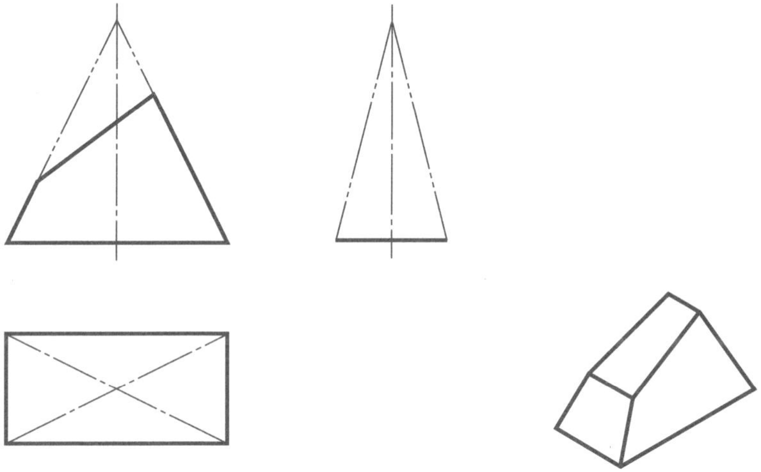

2. 完成曲面立体截断体的投影

(1)

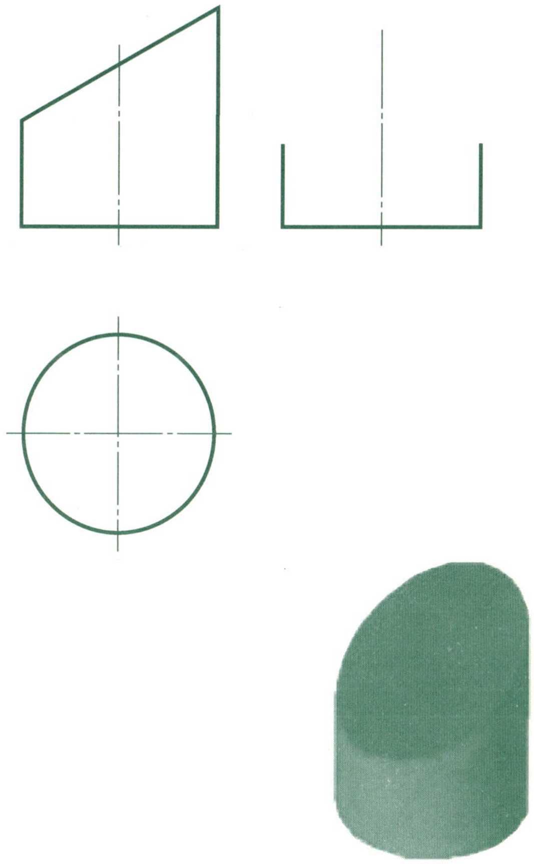

(2)

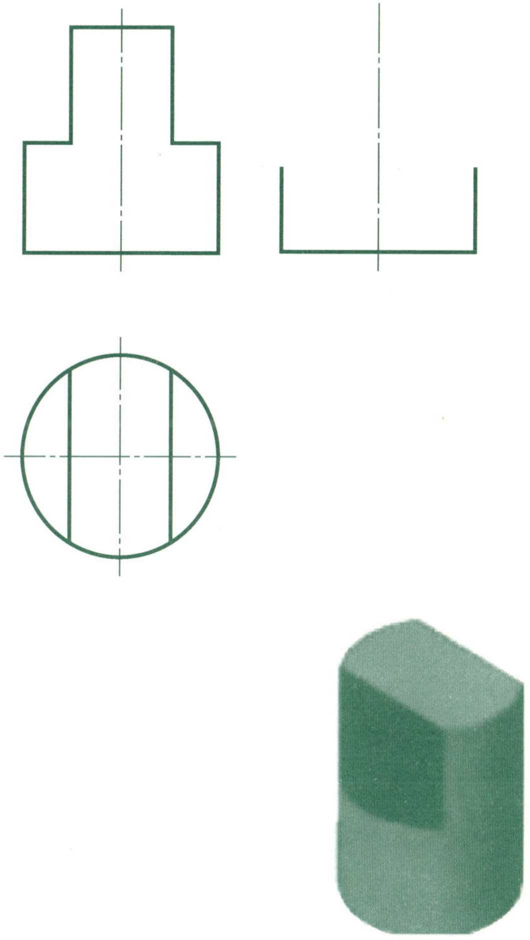

(3)

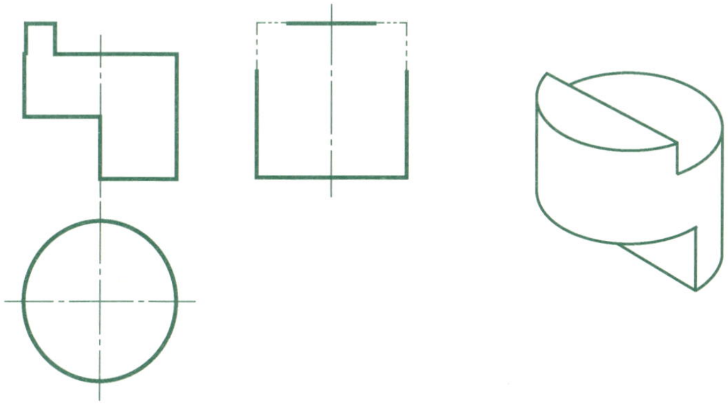

(4)

(5)

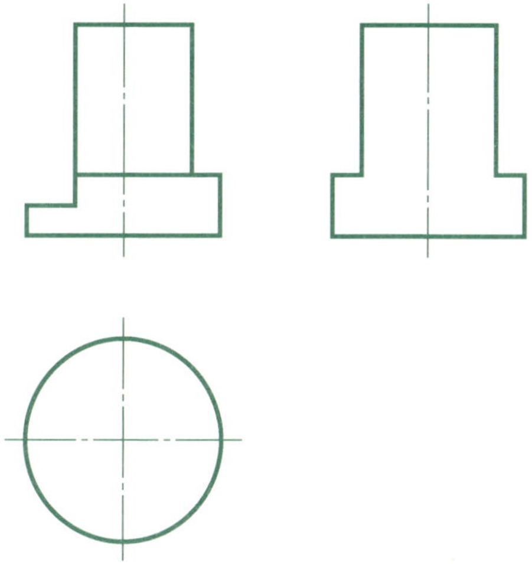

班级：__________ 姓名：__________ 学号：__________

（6）

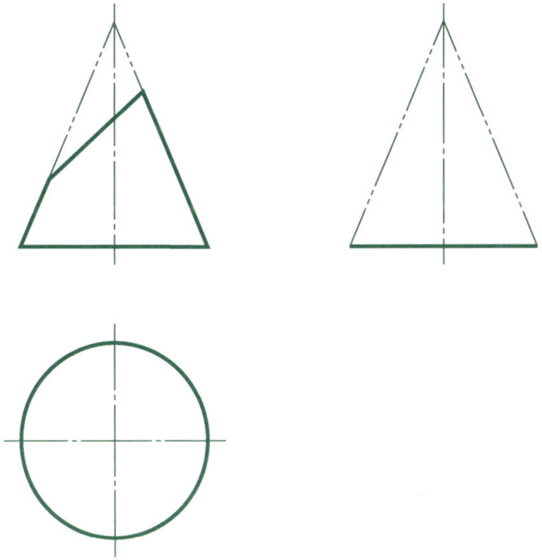

（7）

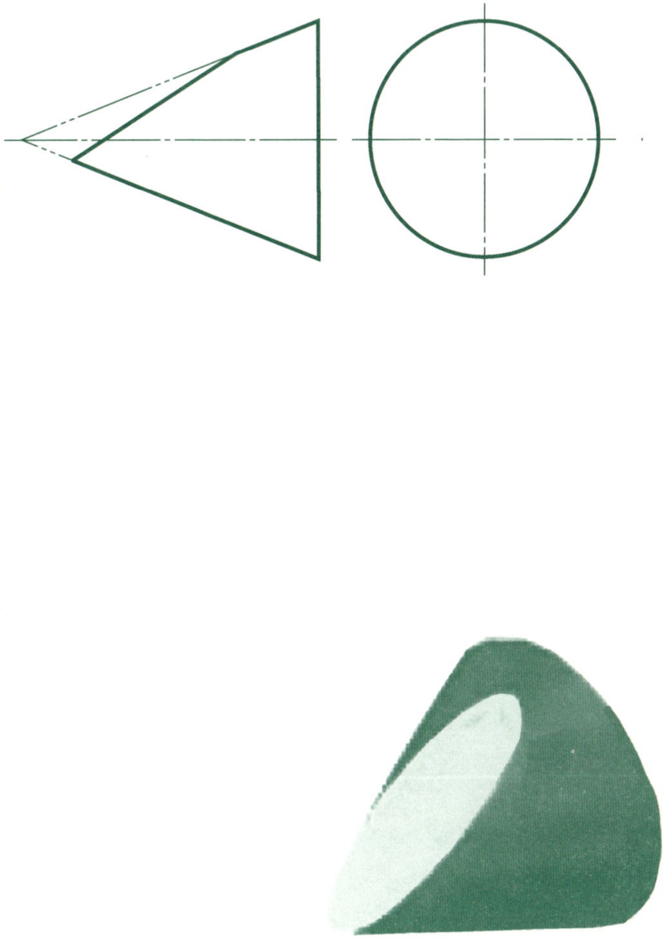

班级：________ 姓名：________ 学号：________

(8)

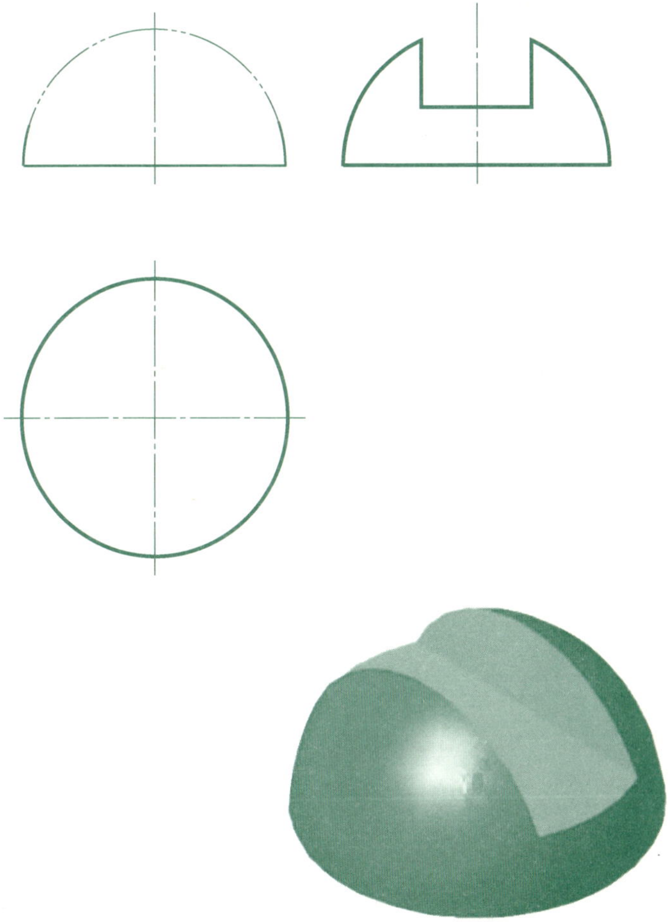

(9)

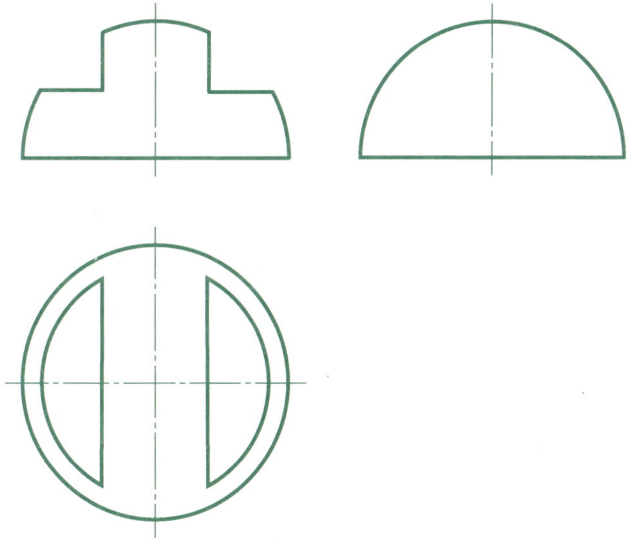

(10)

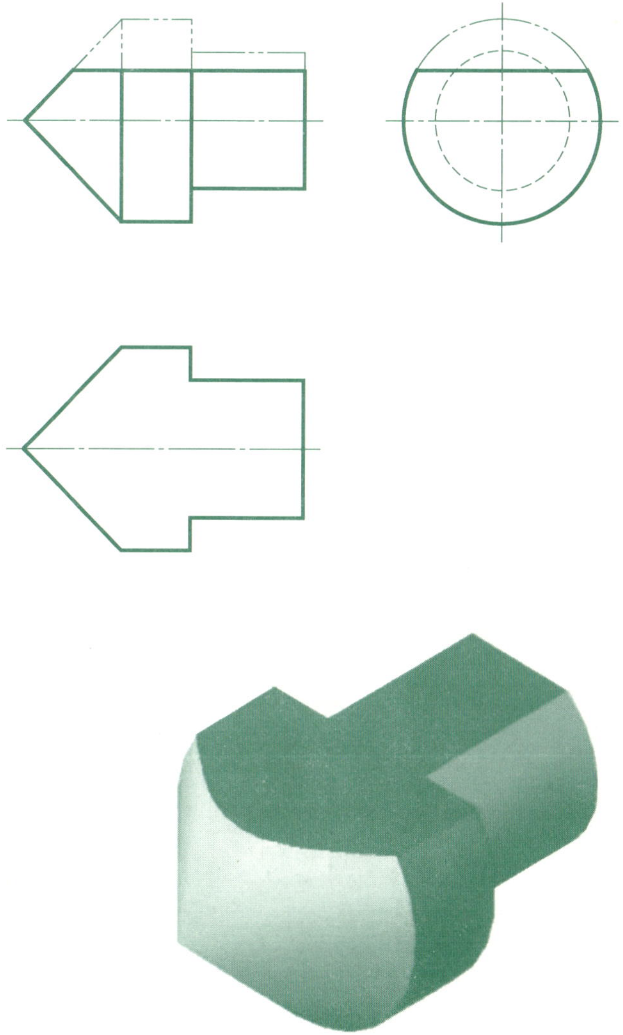

3. 求作截交线的正面投影

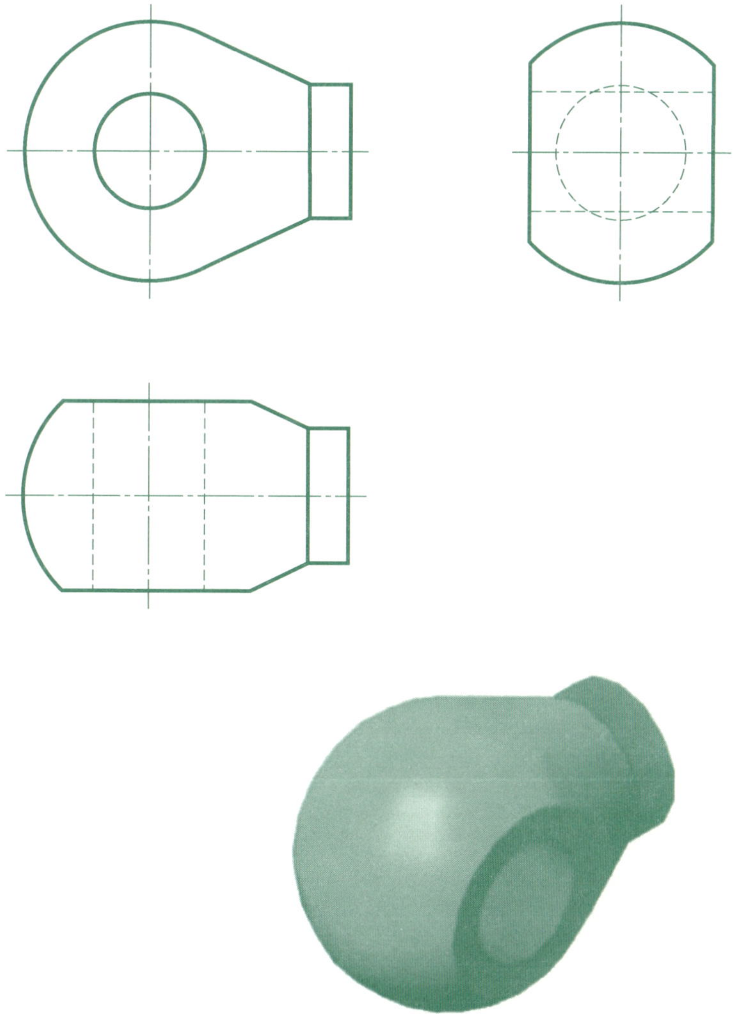

4. 求作切口几何体的第三面投影

分析题（3）与题（1）、题（2）的对应关系。

（1）

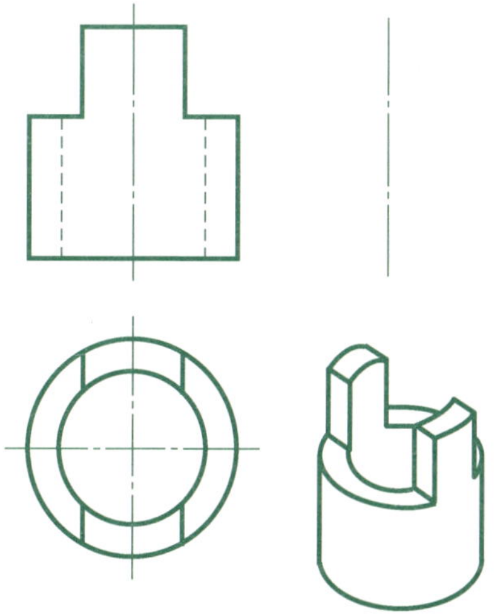

（2）

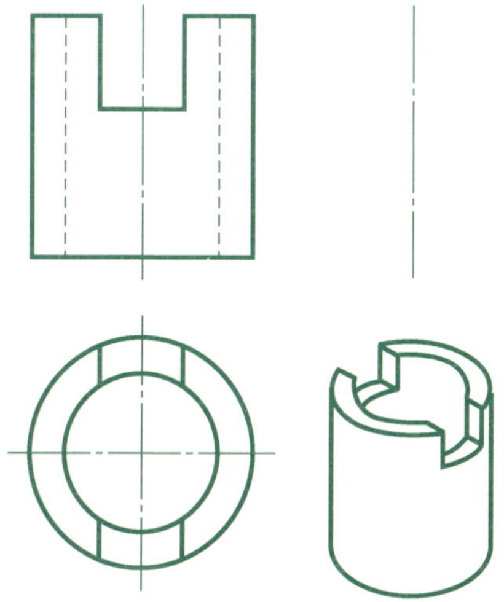

（3）

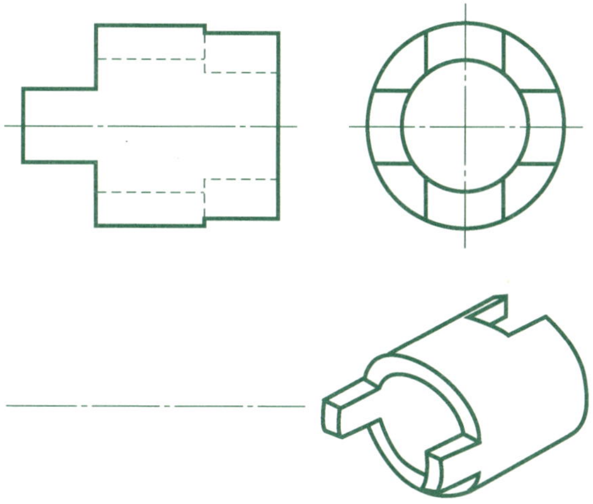

1. 求立体表面的交线

（1）

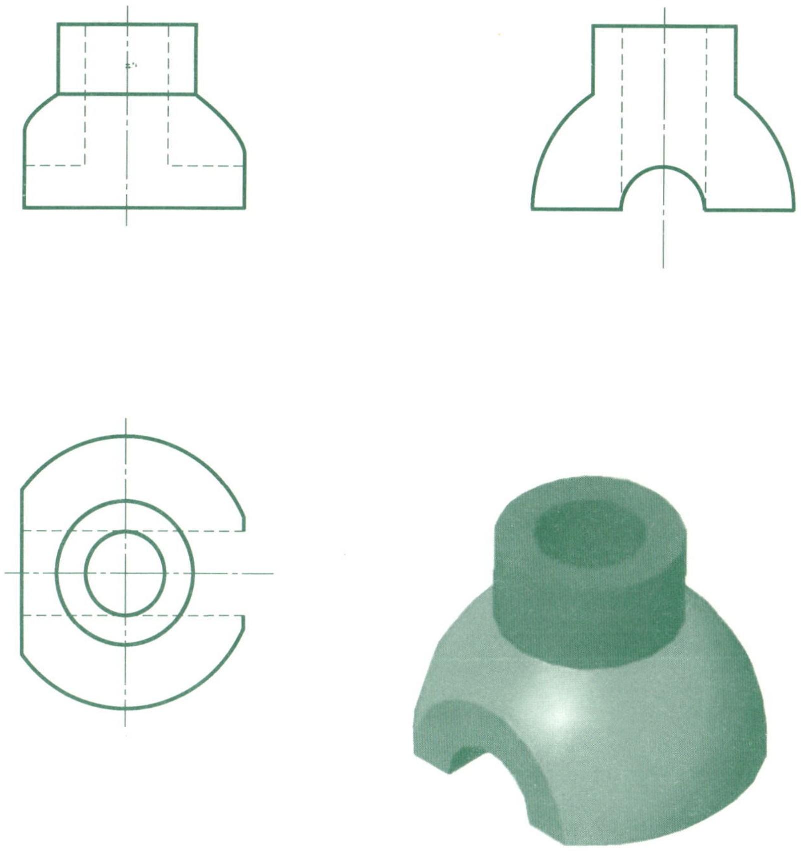

（2）

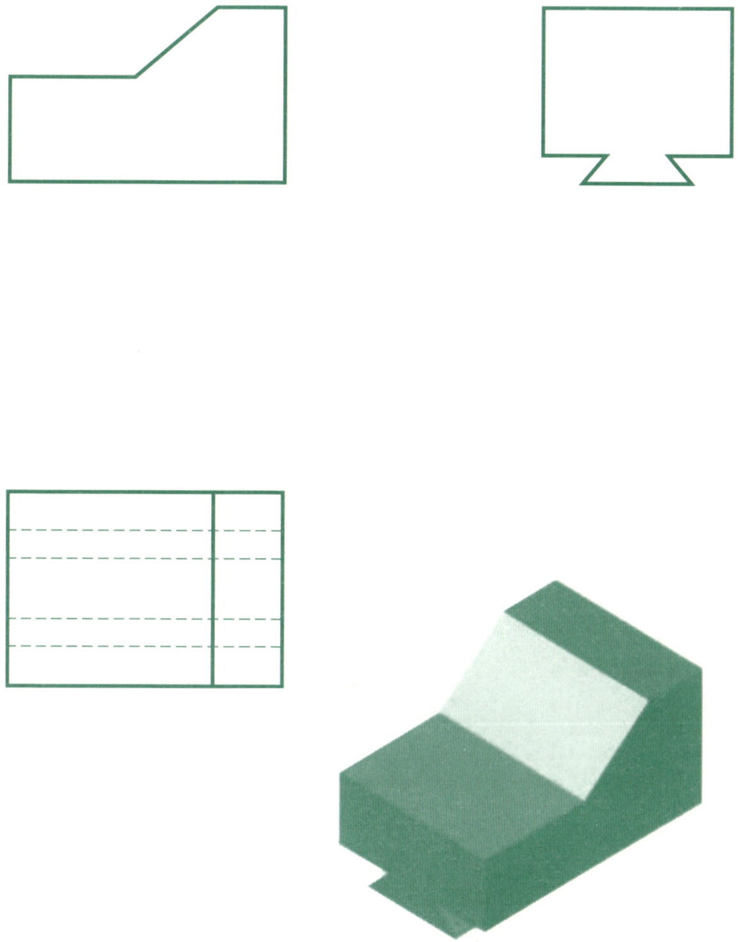

(3)

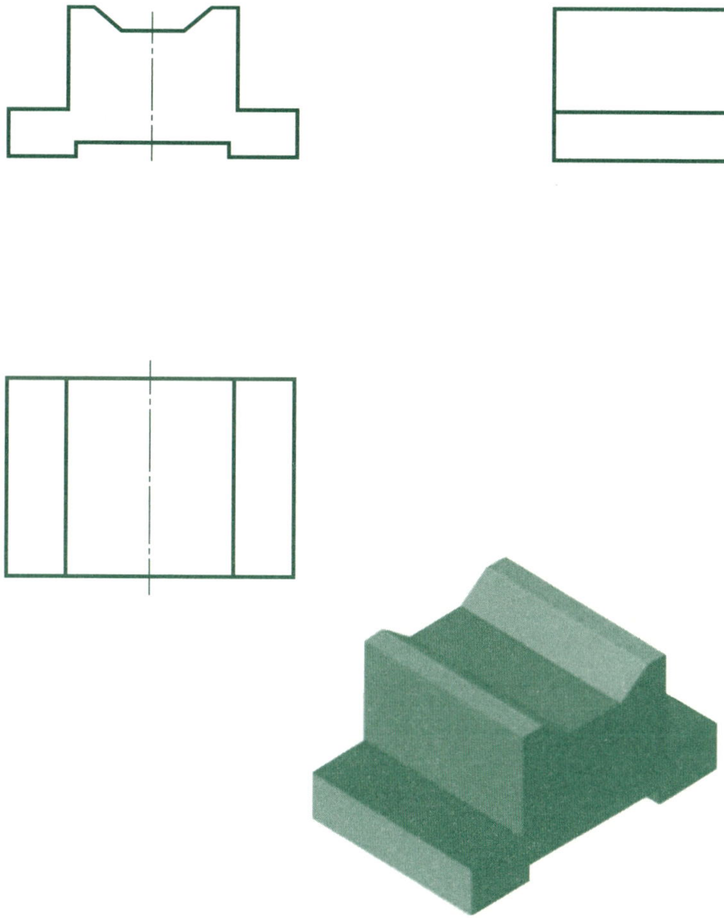

(4)

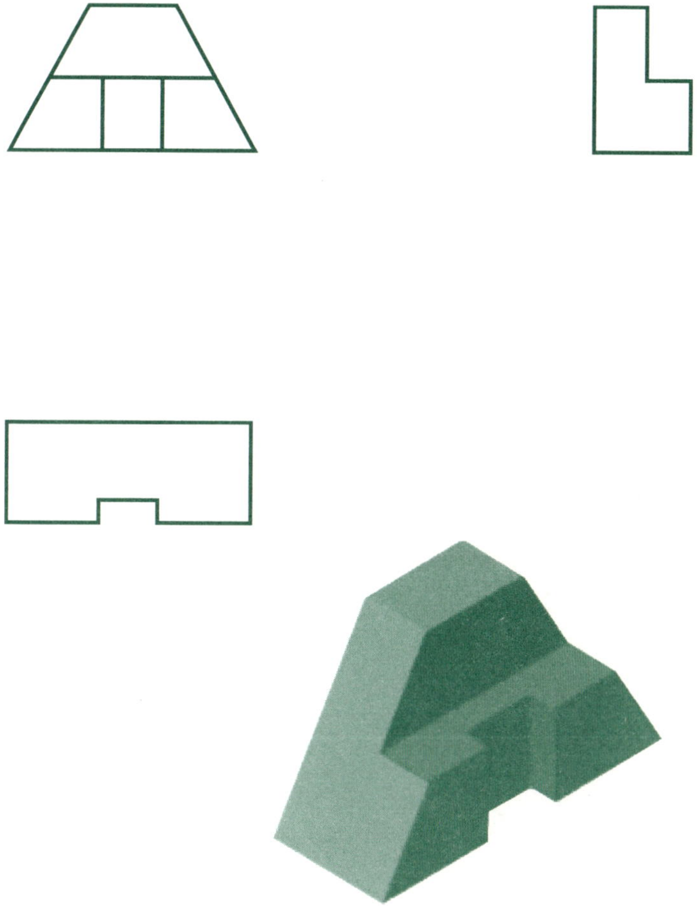

（5）

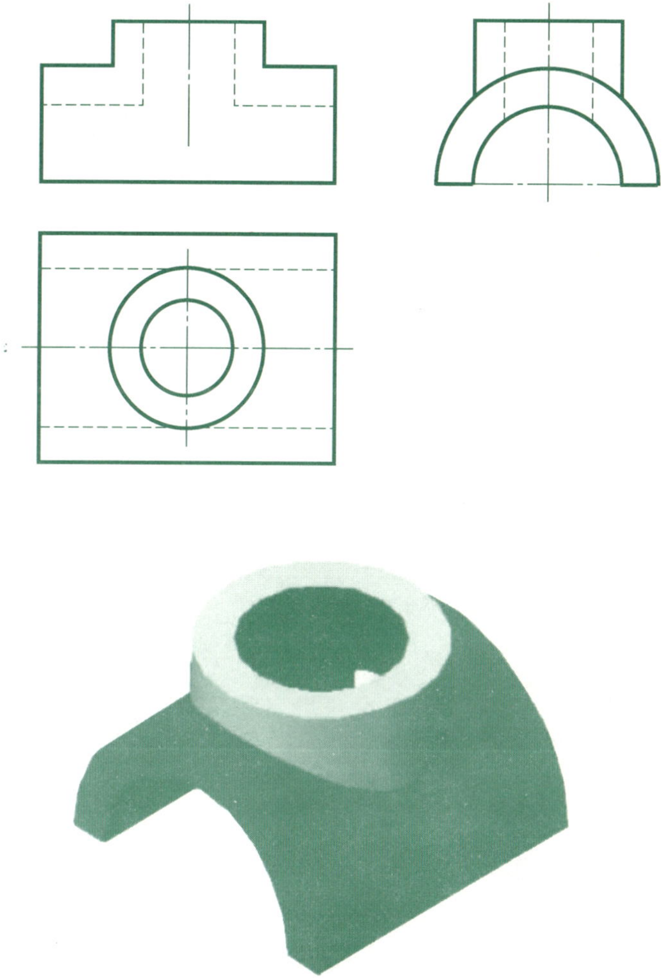

（6）

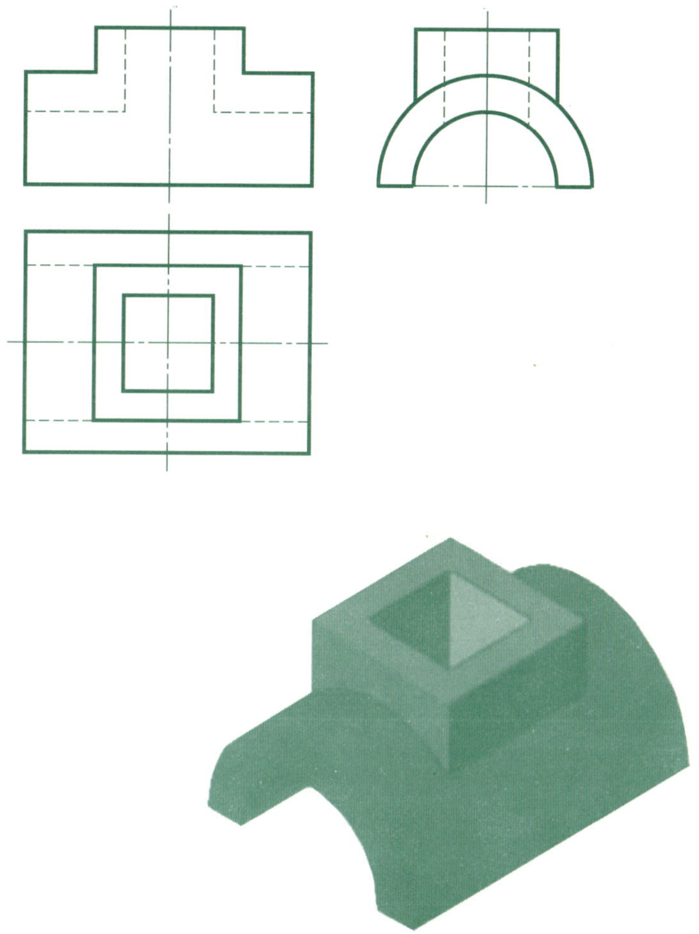

(7)

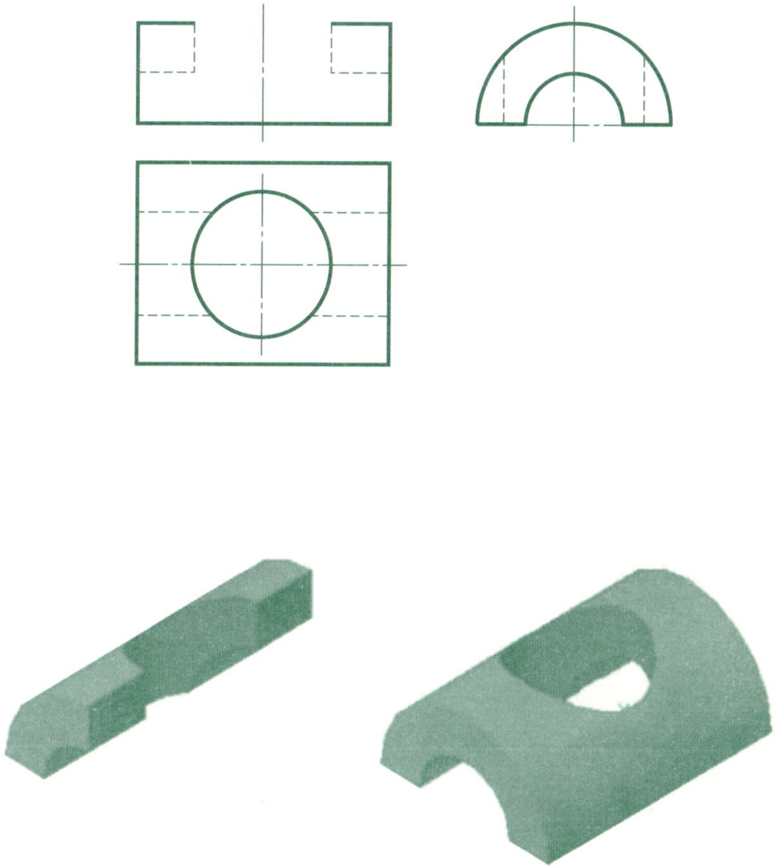

(8)

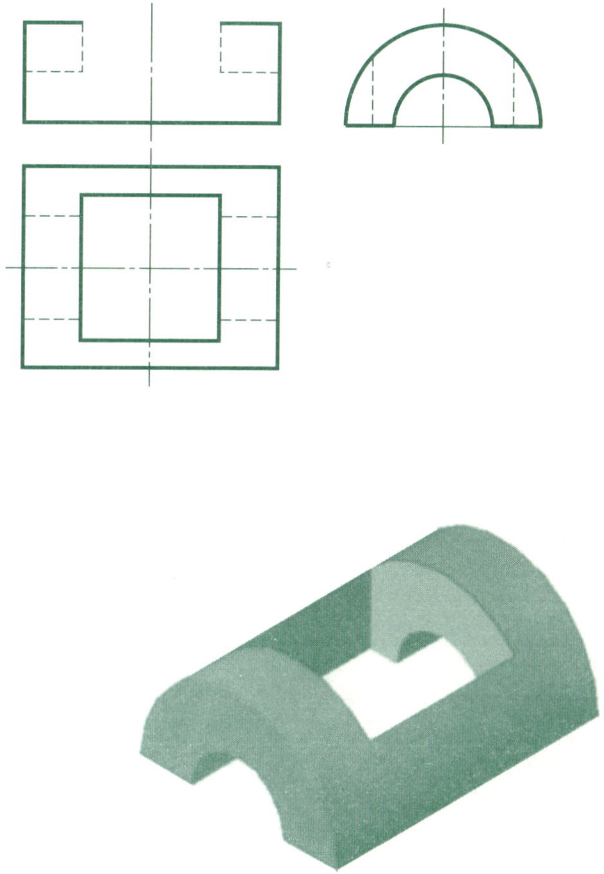

班级：______ 姓名：______ 学号：______

2. 完成相贯体的三面投影

(1)

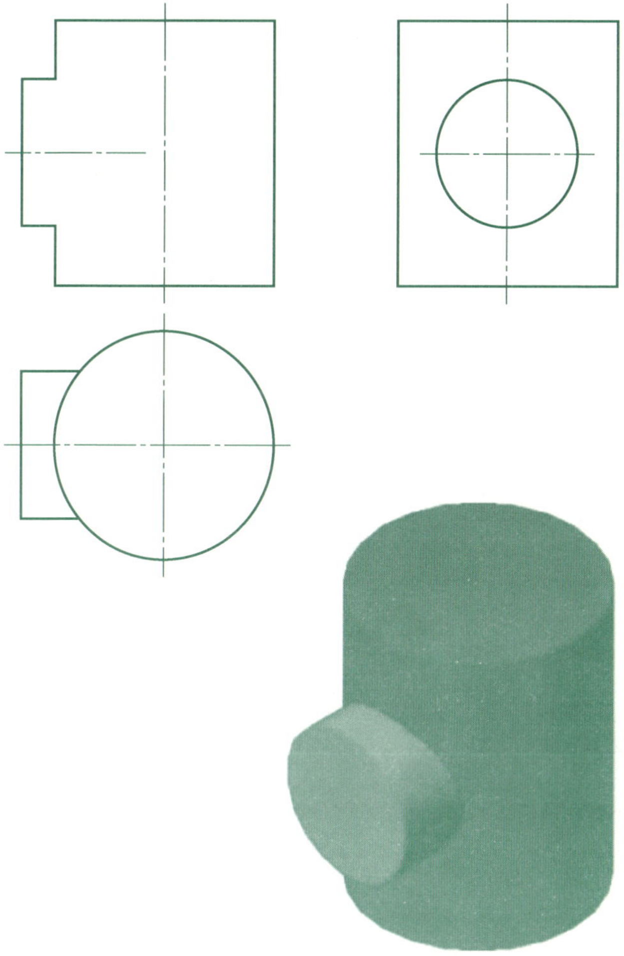

(2)

(3)

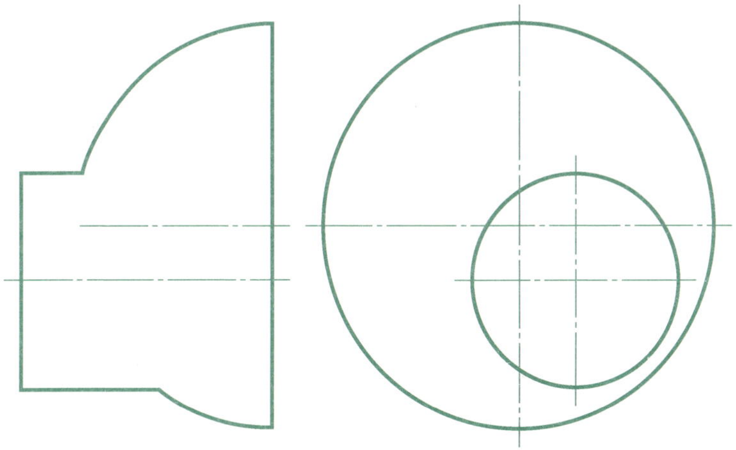

3. 求同轴回转体的相贯线

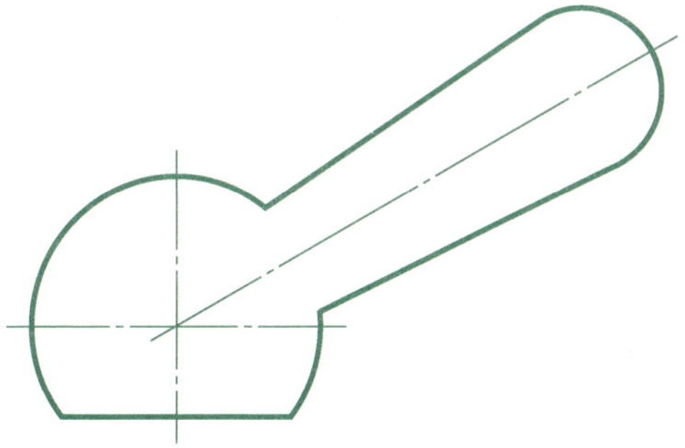

班级：__________ 姓名：__________ 学号：__________

4. 分析组合回转体的相贯线，并补全各投影

(1)

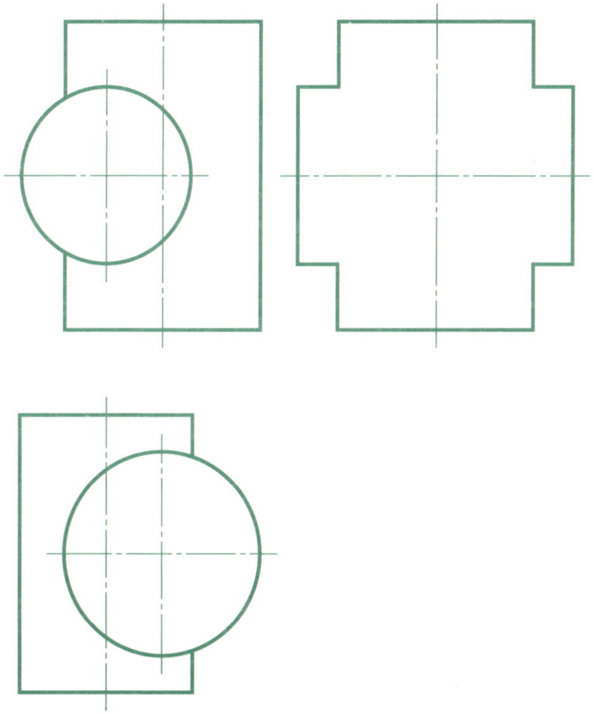

班级：______ 姓名：______ 学号：______

(2)

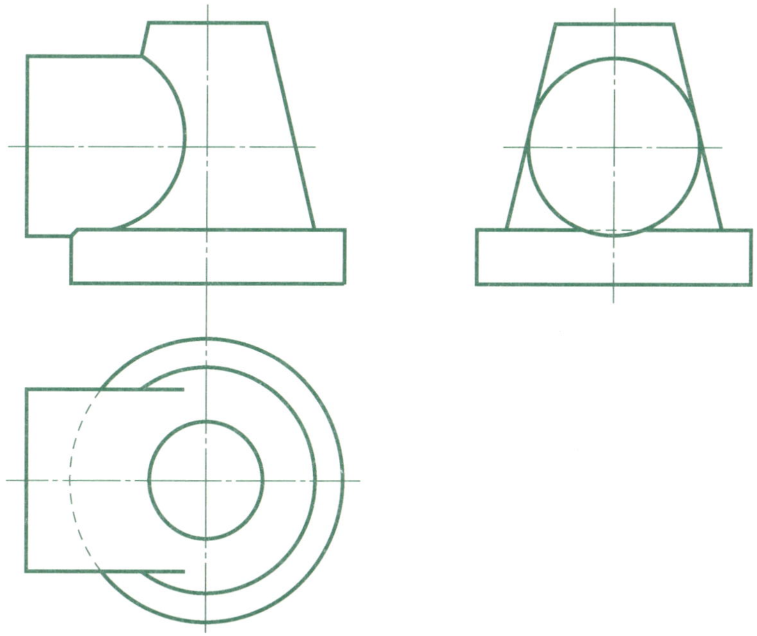

(3)

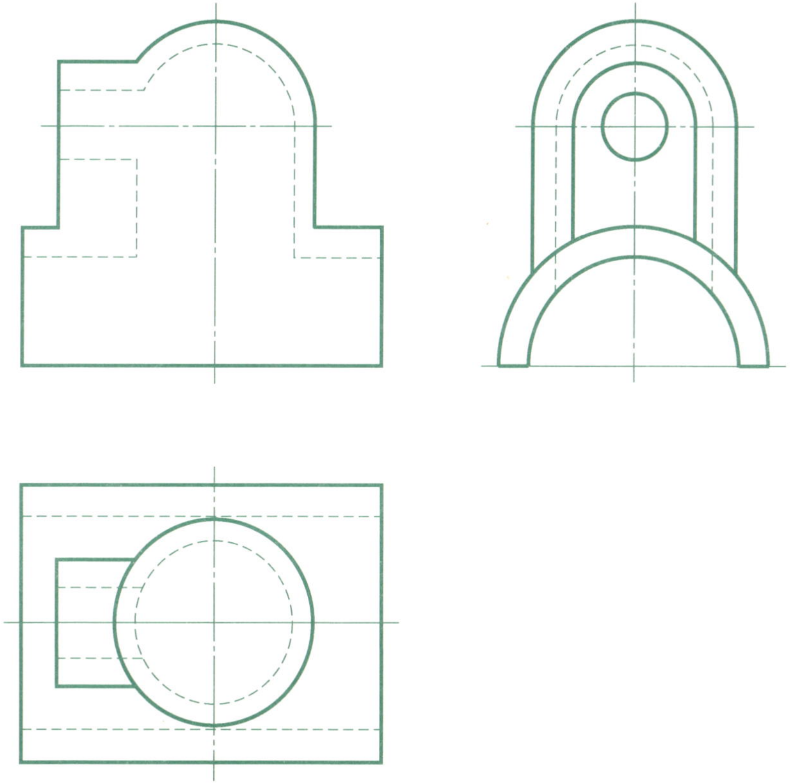

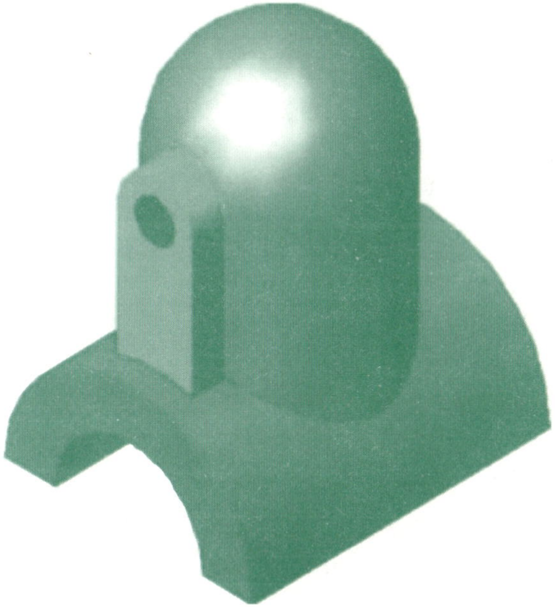

1. 识别立体图

找出相应的立体图，并在其下方括号内填写它的序号。

(1)

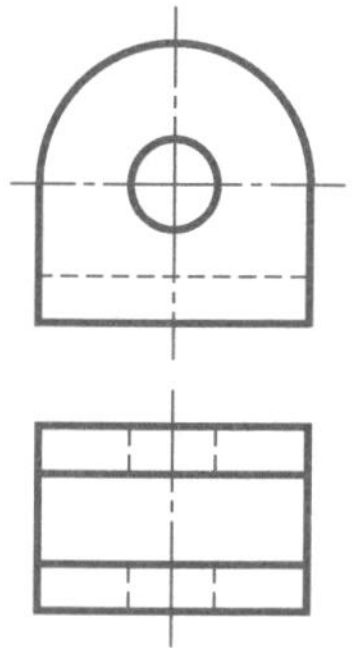

(2)

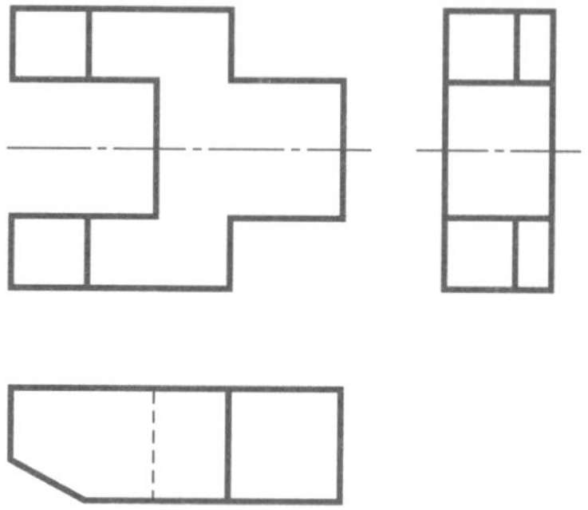

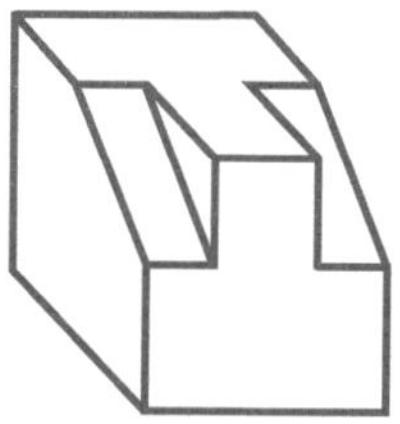

(　　)

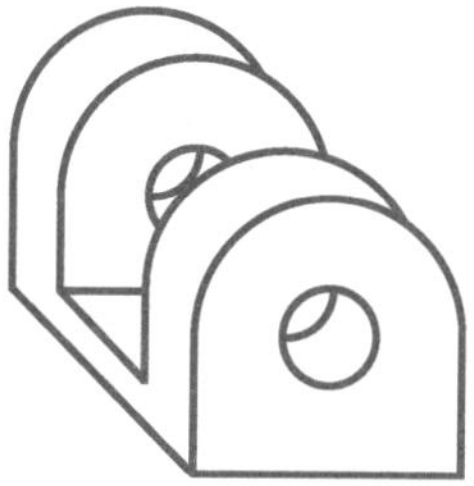

(　　)

(3)

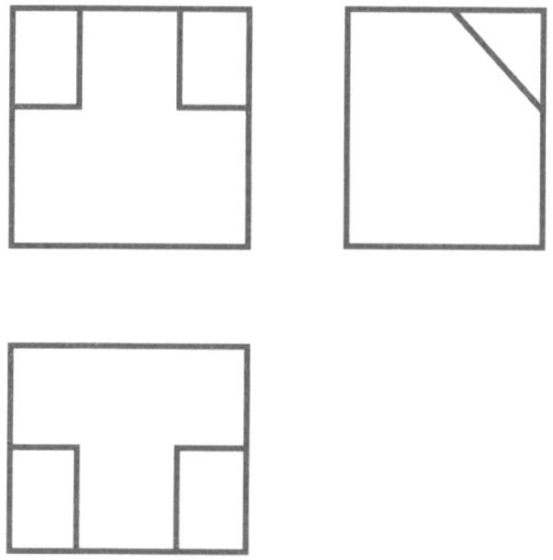

(4)

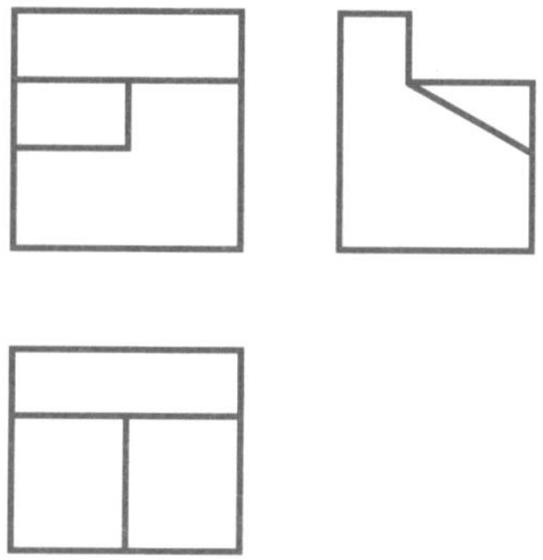

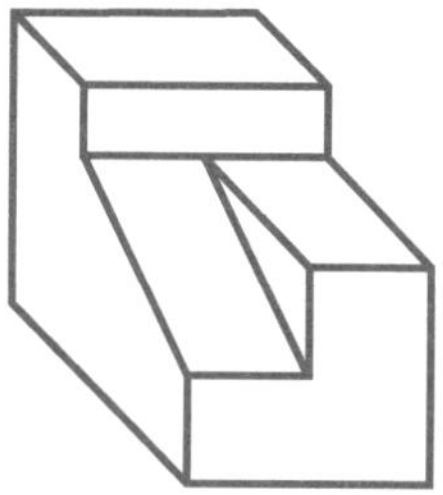

(　　)

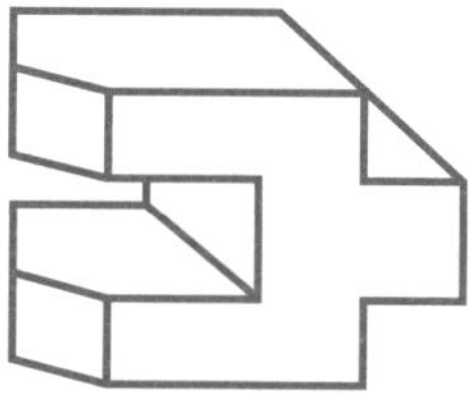

(　　)

班级：________　姓名：________　学号：________

2. 根据轴测图，补画视图中所缺的线

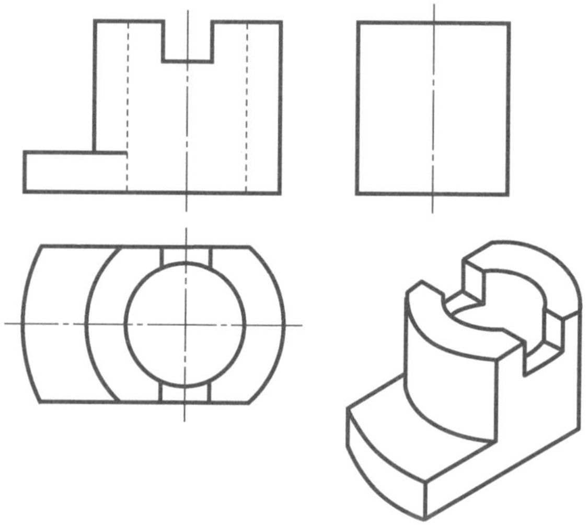

3. 根据轴测图画三视图

(1)

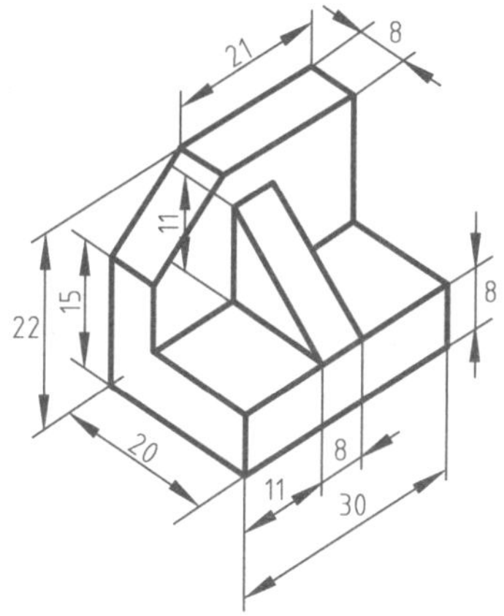

(2)

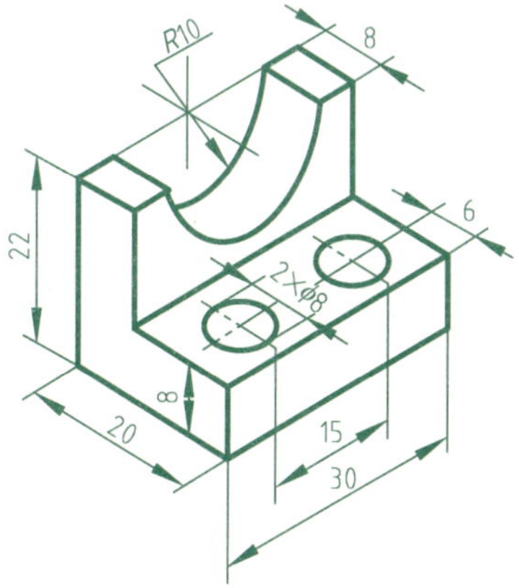

(3)

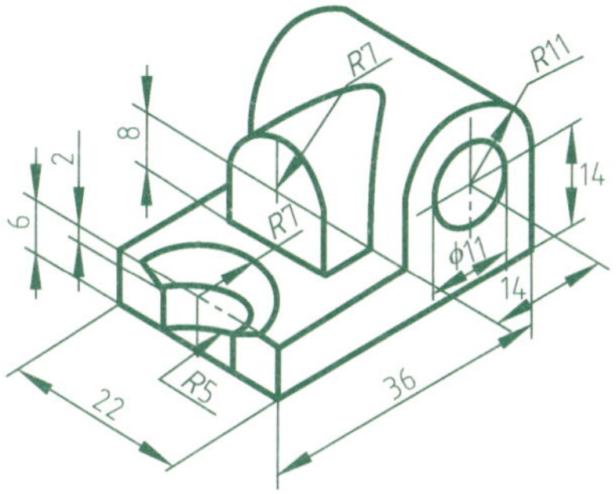

班级：______ 姓名：______ 学号：______

(4)

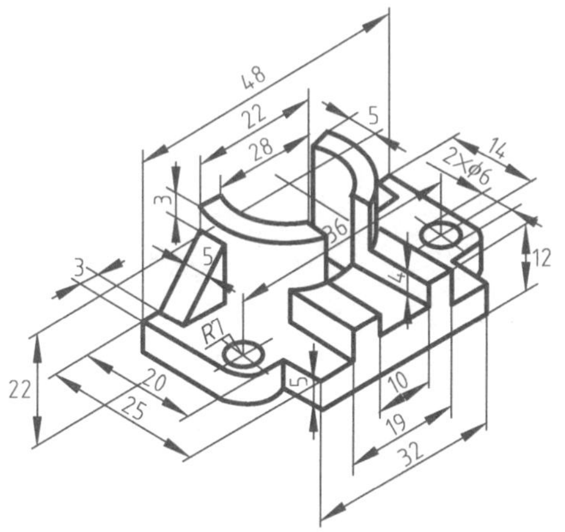

4. 补画视图中的缺线

(1)

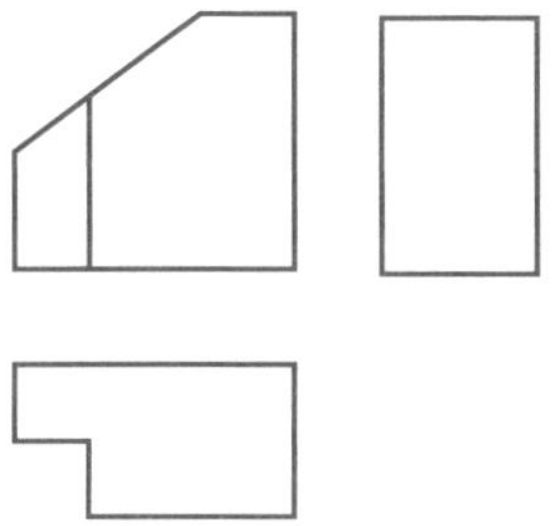

(2)

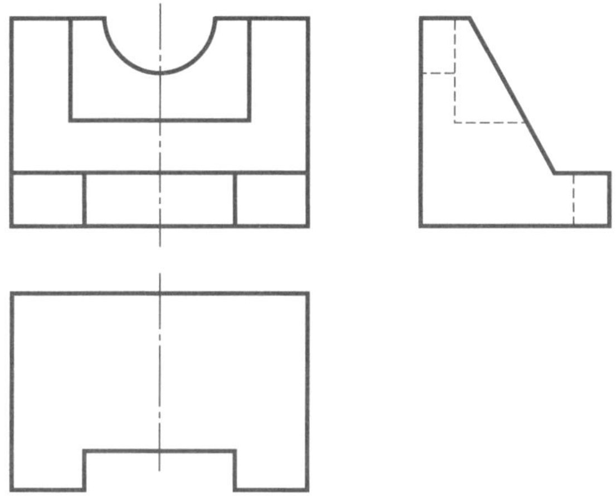

(3)

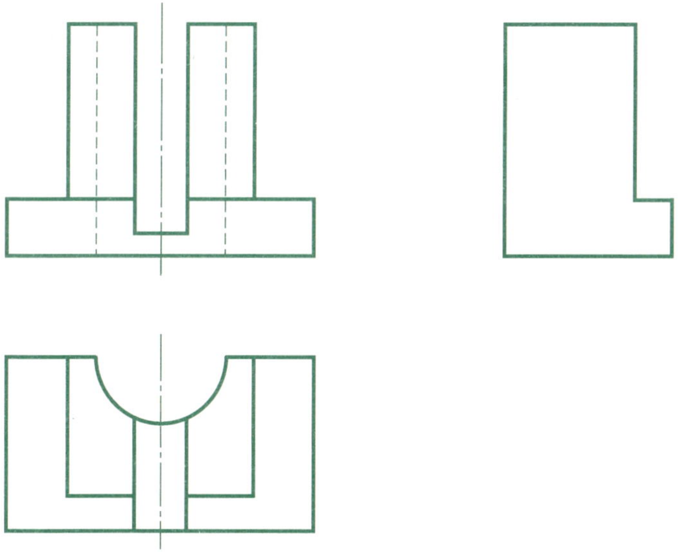

(4)

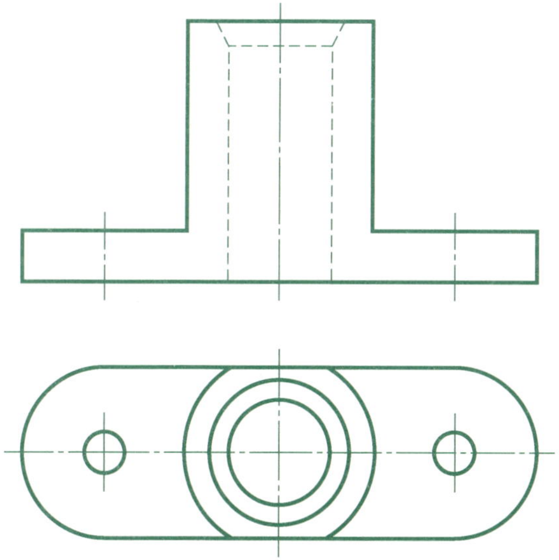

5. 根据两视图选择正确的第三视图

(1)

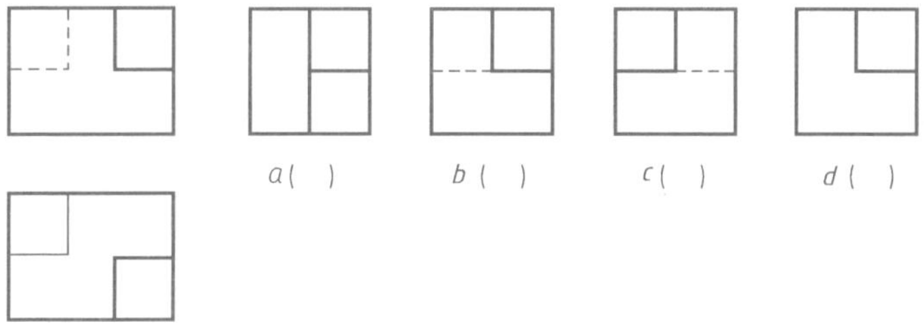

(2)

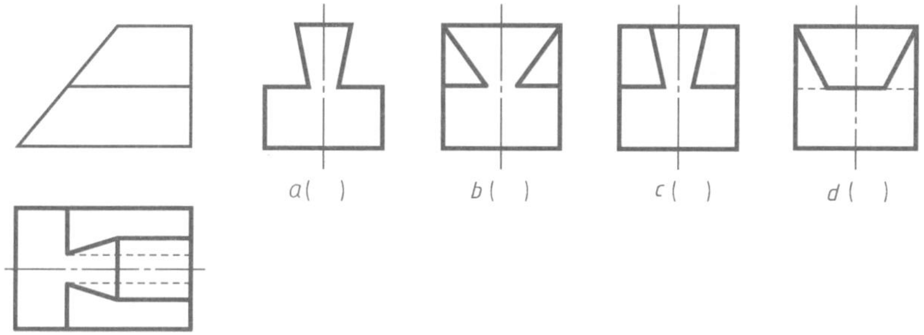

(3)

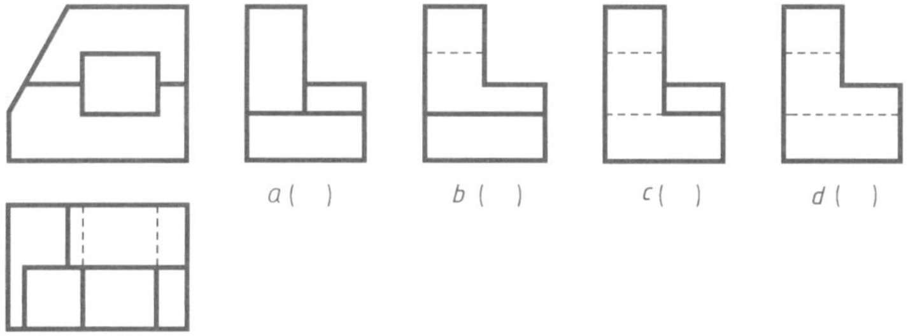

班级：________　姓名：________　学号：________

6. 根据两视图，补画第三视图

(1)

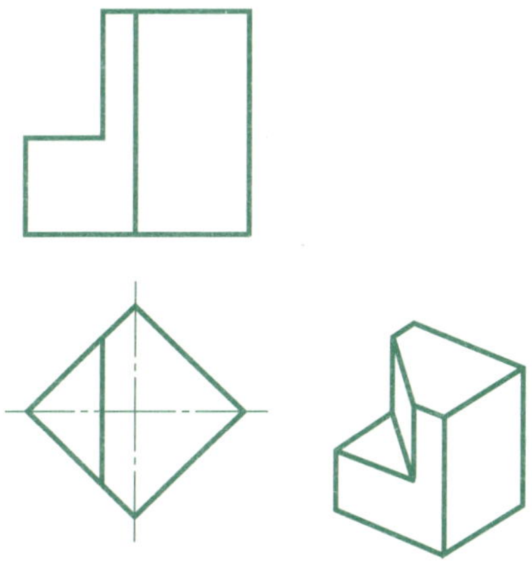

(2)

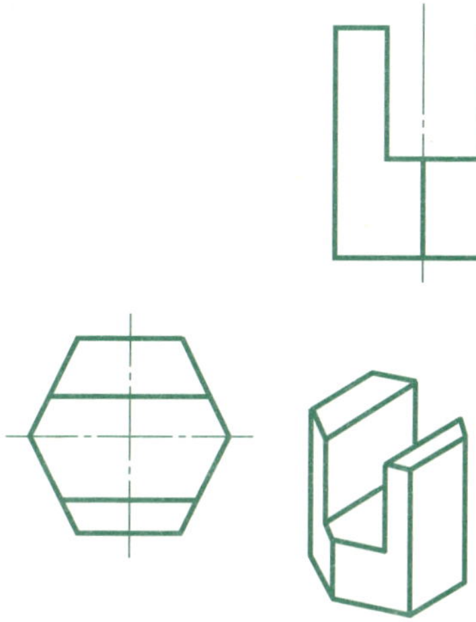

(3)

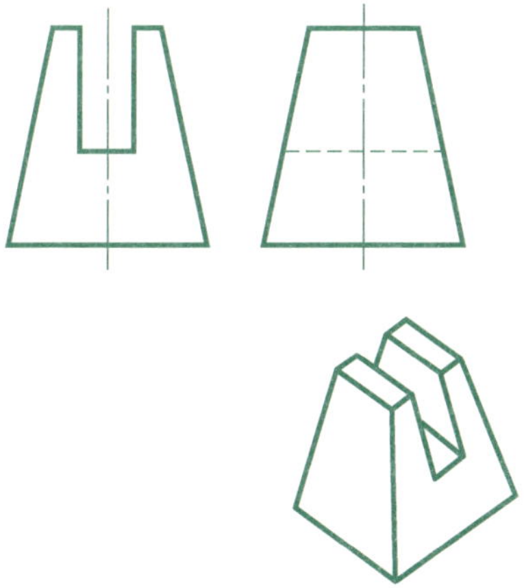

(4)

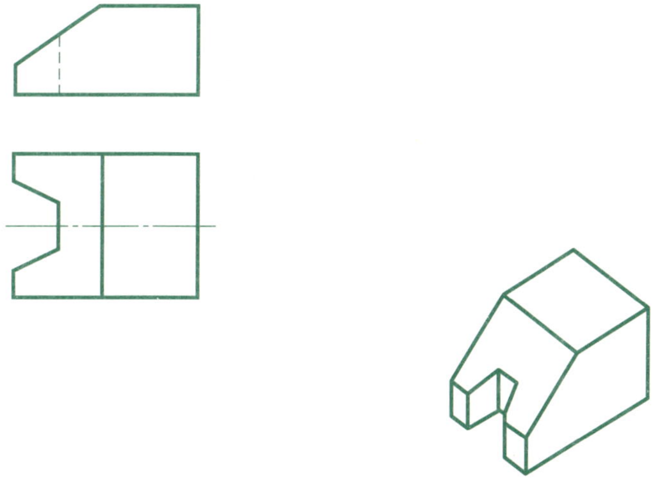

(5)

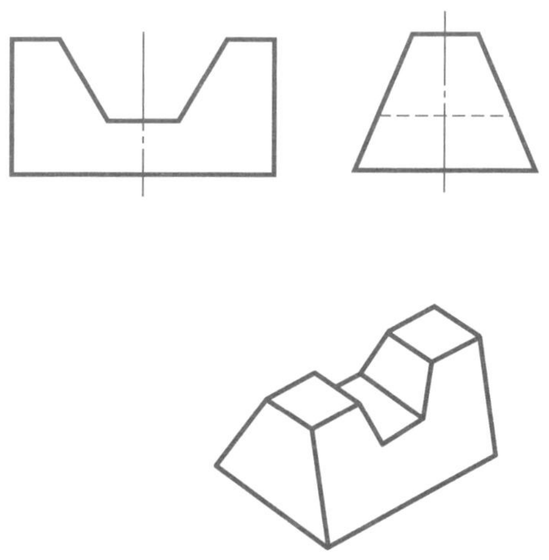

(6)

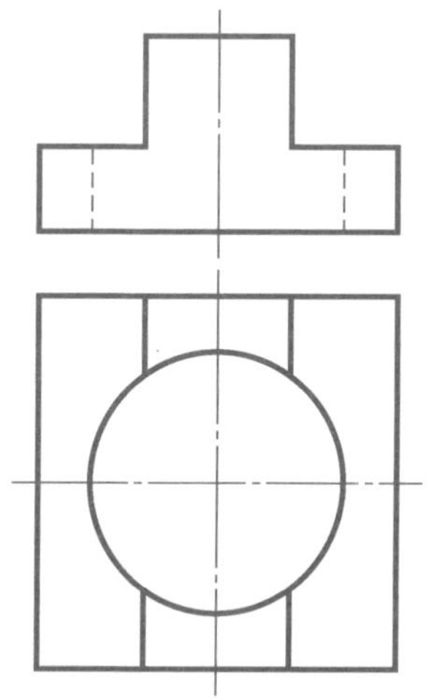

(7)

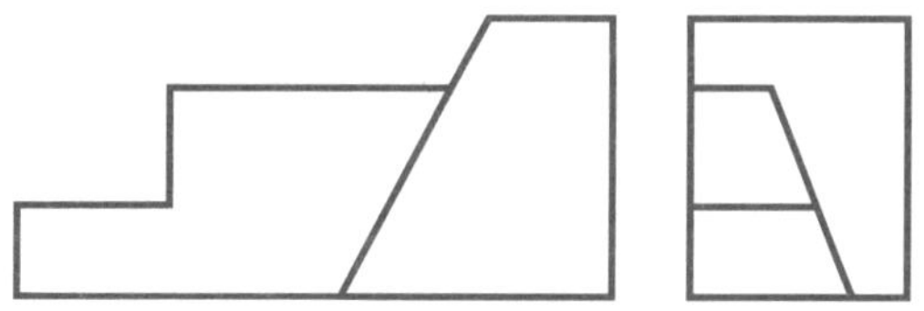

7. 补全主视图中缺少的图线

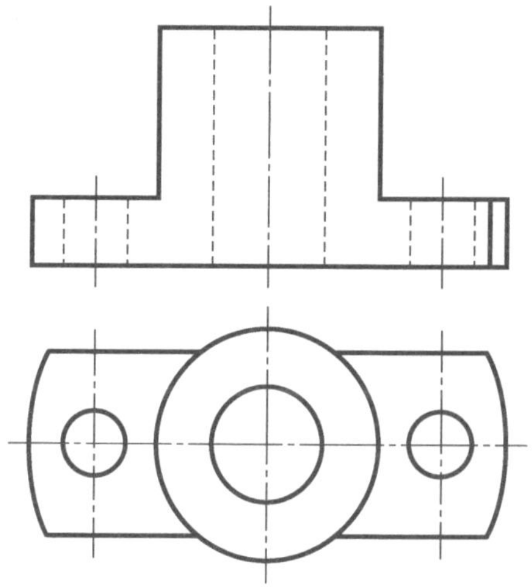

8. 补画视图中的缺线

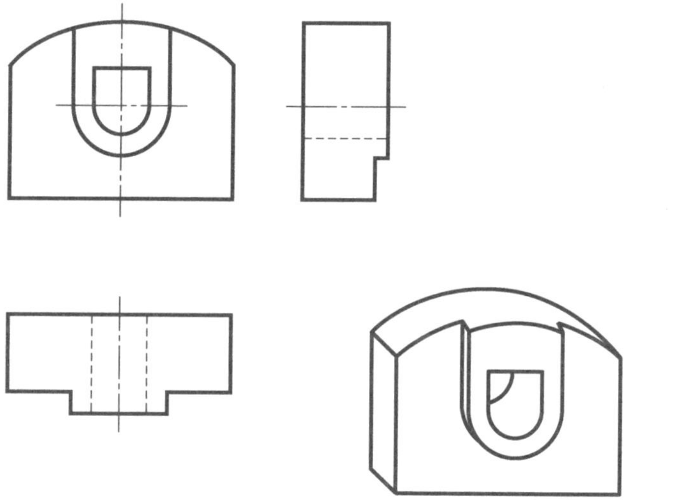

9. 根据两视图补画第三视图

(1)

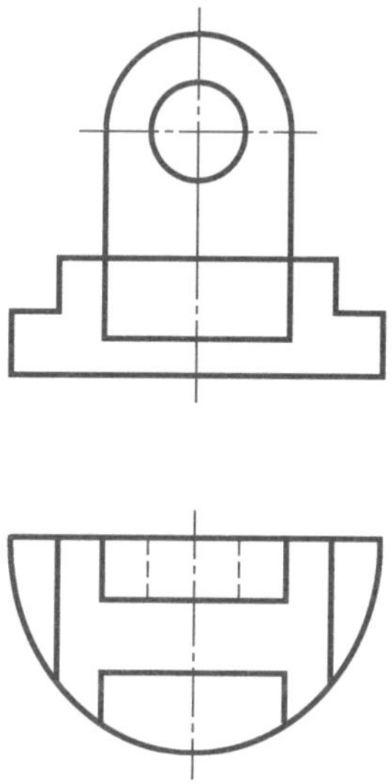

(2)

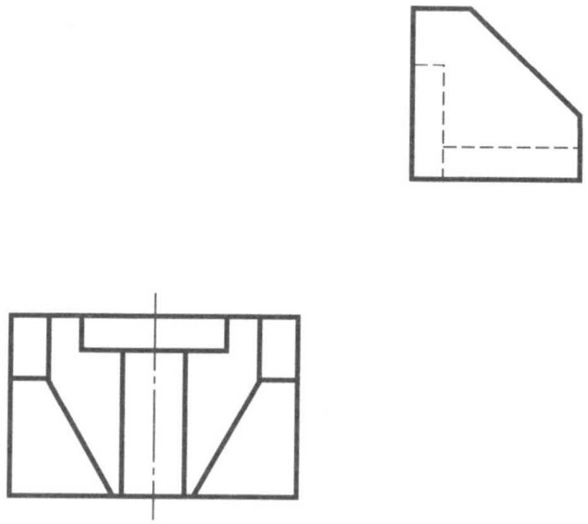

(3)

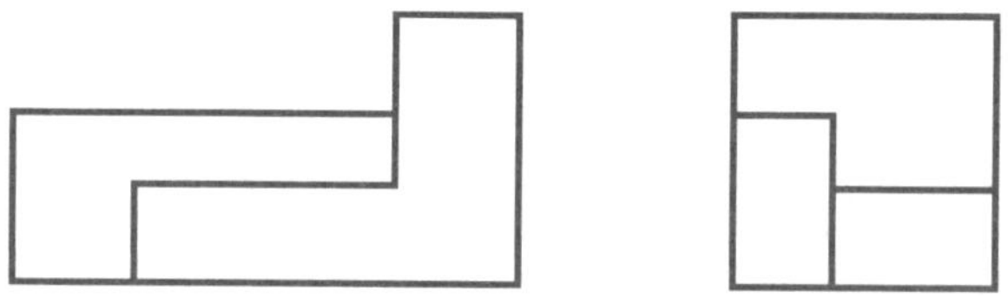

(4)

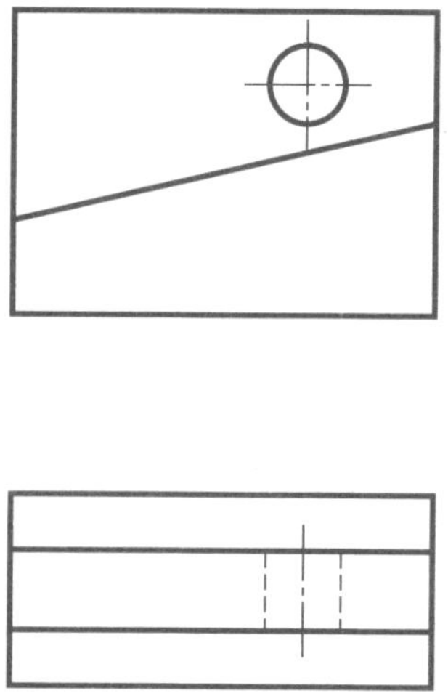

班级：________ 姓名：________ 学号：________

(5)

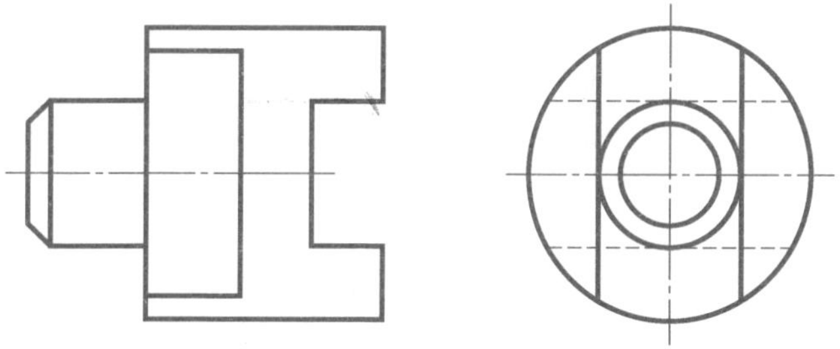

(6)

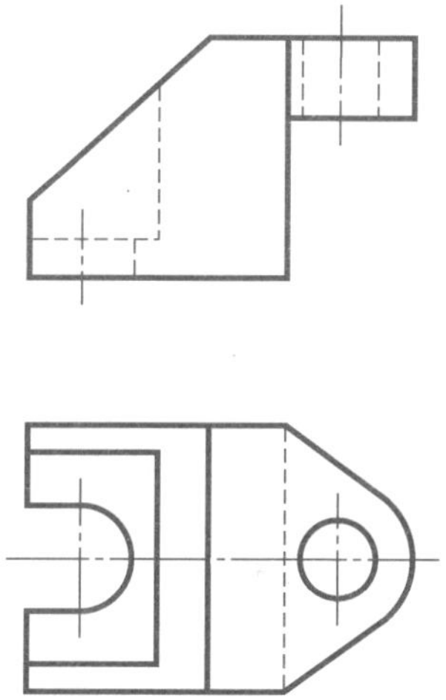

(7)

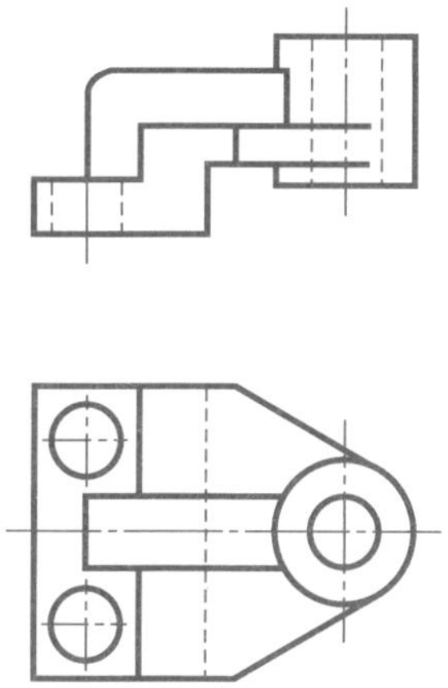

(8)

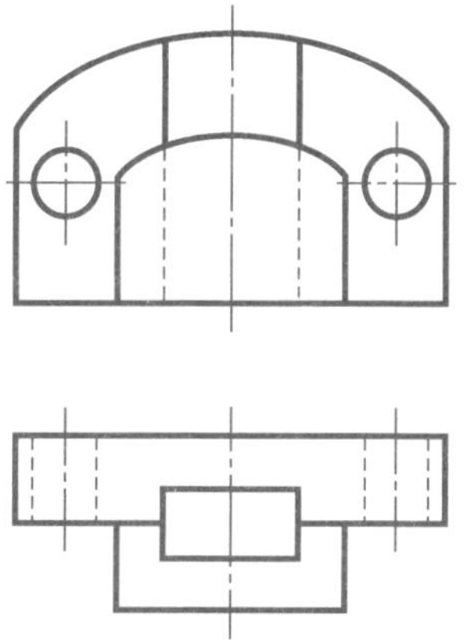

10. 标注尺寸

读懂视图后标注尺寸，尺寸数值用1∶1从图中直接量取（取整数）。

（1）

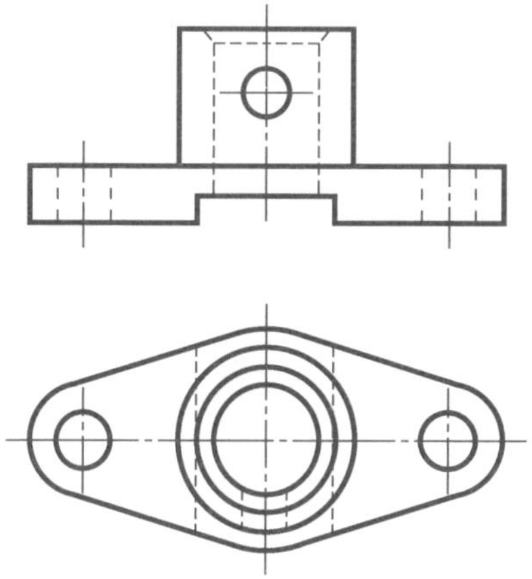

（2）

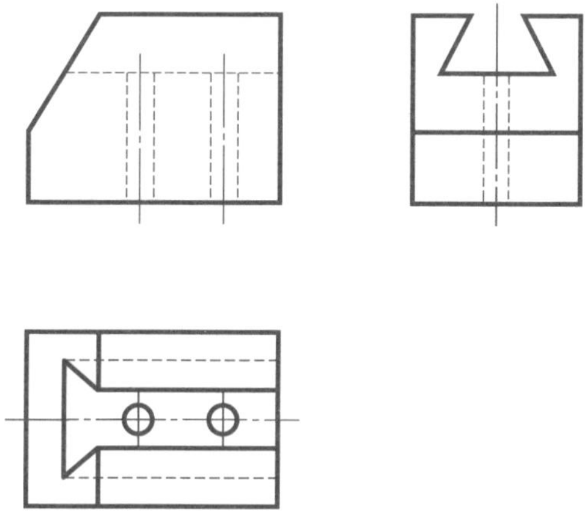

（3）

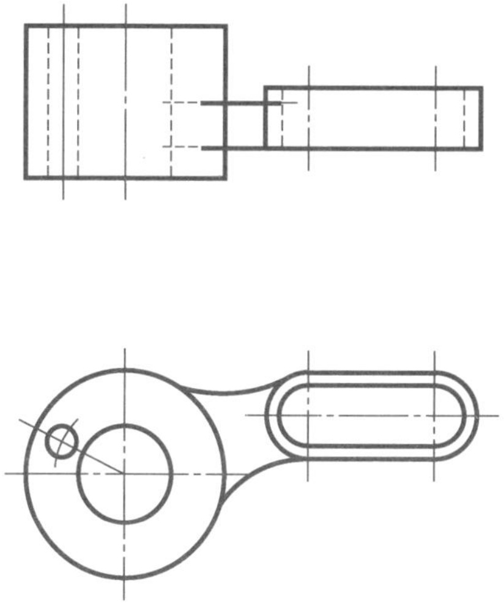

（4）

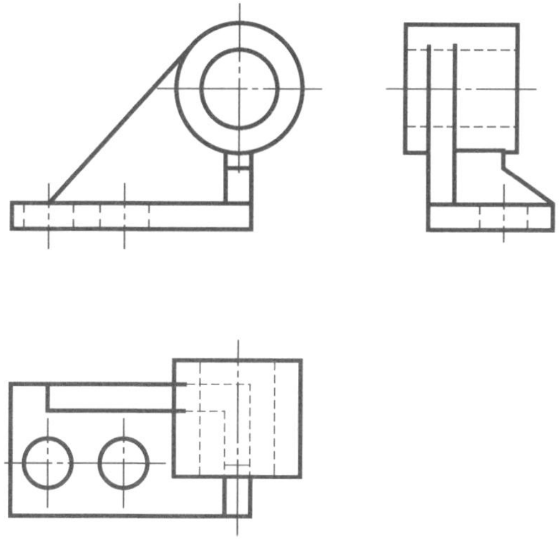

班级：________ 姓名：________ 学号：________

1. 利用三视图，绘制正等轴测图

（1）

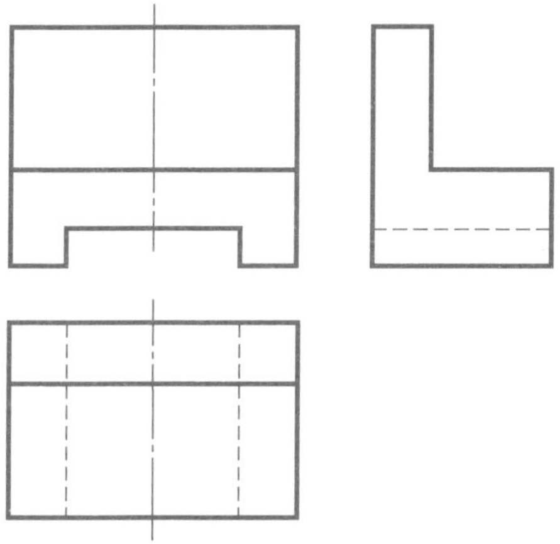

（2）

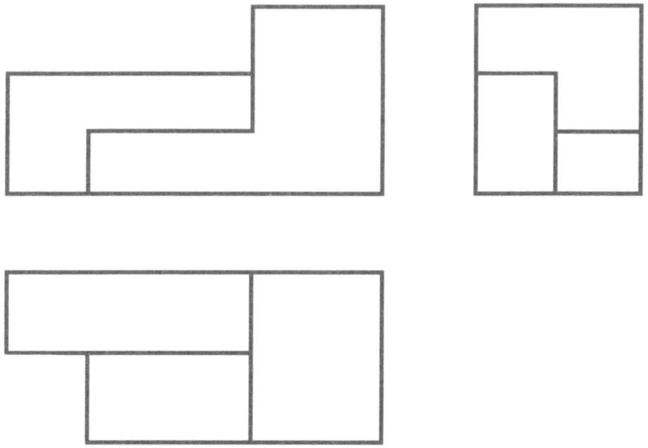

(3)

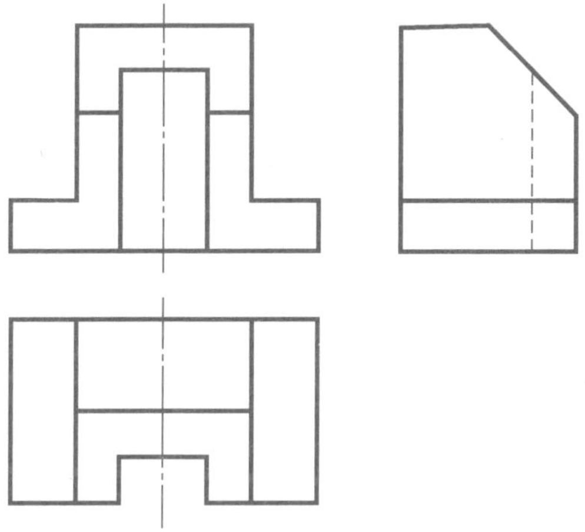

(4)

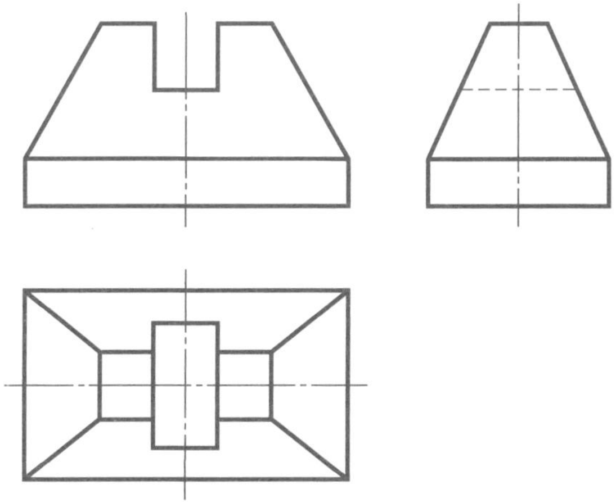

(5)

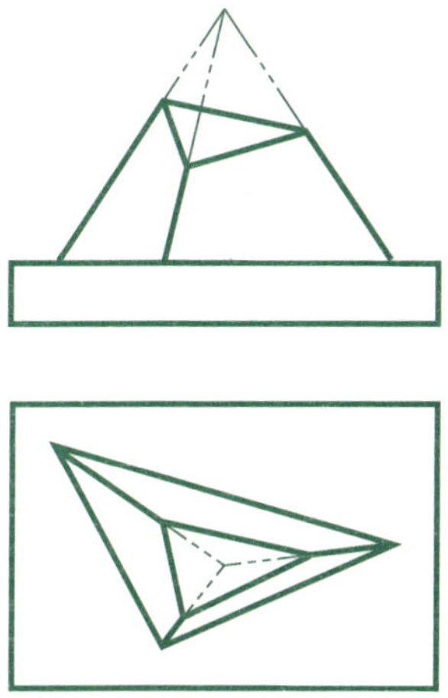

(6)

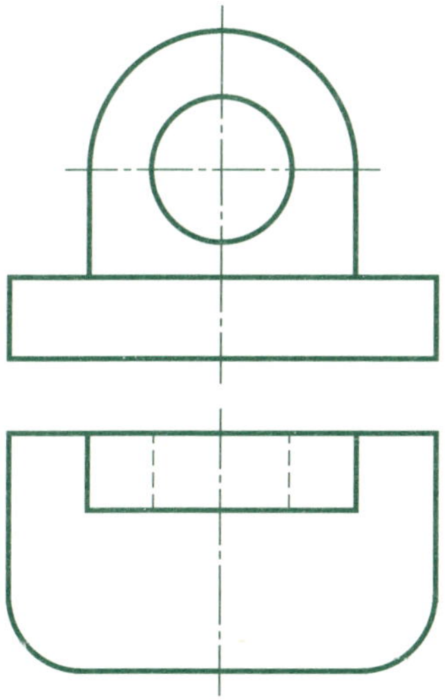

班级：________ 姓名：________ 学号：________

2. 利用三视图，绘制斜二测图

(1)

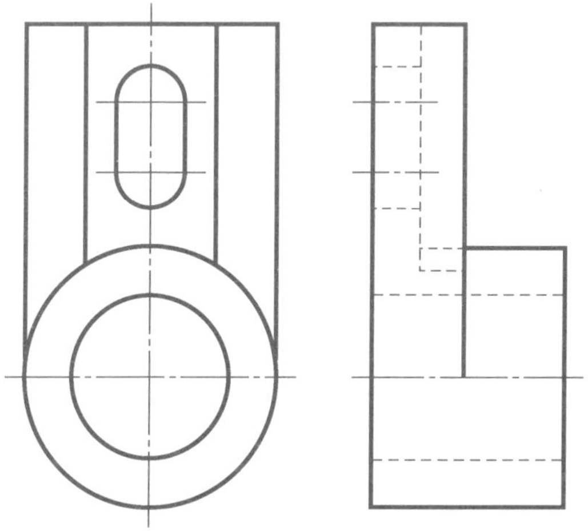

(2)

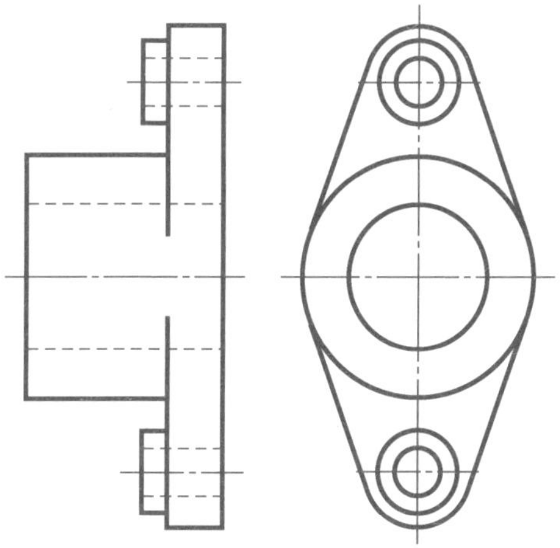

班级：______ 姓名：______ 学号：______

知识点回顾

依据所学知识完成以下填空：

1. 投影法分为__________投影法和__________投影法两大类，我们绘图时使用的是__________投影法中的__________投影法。
2. 当投射线互相__________，并与投影面__________时，物体在投影面上的投影称为__________。按正投影原理画出的图形称为__________。
3. 一个点在空间的位置有以下三种：__________、__________、__________。
4. 直线按其对投影面的相对位置不同，可分为__________、__________和__________三种。
5. 平面按其对投影面的相对位置不同，可分为__________、__________和__________三种。
6. 与一个投影面平行，与其他两个投影面倾斜的直线，称为投影面的__________线，具体又可分为__________、__________、__________。
7. 与一个投影面垂直，而与其他两个投影面__________的平面，称为投影面的__________，具体又可分为__________、__________、__________。
8. 轴测投影根据投影方向与投影面的角度不同，分为__________和__________两大类。
9. 根据三个轴向伸缩系数的不同，正轴测投影和斜轴测投影又各分为__________、__________、__________三种。
10. 立体分为__________和__________两种，所有表面均为平面的立体称为__________，包含有曲面的立体称为__________。
11. 常见的平面体有__________、__________、__________等。常见的回转体有__________、__________、__________、__________等。
12. 立体被平面截切所产生的表面交线称为______。两立体相交所产生的表面交线称为______。立体表面交线的基本性质是______和______。
13. 圆柱被平面截切后产生的截交线形状有__________、__________、__________三种。
14. 圆锥被平面截切后产生的截交线形状有__________、__________、__________、__________、__________五种。
15. 回转体相交的相贯线形状有__________、__________、__________、__________四种。
16. 影响相贯线变化的因素有__________变化、__________变化和__________变化。
17. 主视图所在的投影面称为__________，简称__________，用字母__________表示。俯视图所在的投影面称为__________，简称__________，用字母__________表示。左视图所在的投影面称为__________，简称__________，用字母__________表示。
18. 三视图的投影规律是：主视图与俯视图__________；主视图与左视图__________；俯视图与左视图__________。远离主视图的方向为__________方，靠近主视图的方向为__________方。
19. 组合体的组合类型有________型、________型、________型三种，形体表面间的相对位置有________、________、________、________四种。
20. 组合体形体分析的内容有分析________________、________________、________________、________________。
21. 绘制组合体三视图的方法有________________、________________、________________。
22. 看组合体三视图的方法有________________和________________。
23. 平面立体一般要标注__________、__________、__________三个方向的尺寸，回转体一般只标注__________和__________的尺寸。切割体应标注__________和__________，而相贯体则应__________和__________。截交线和相贯线处__________尺寸。

班级：________________ 姓名：________________ 学号：________________

任务一　用视图表达机件

(1) 根据已知主视图、俯视图，补画该零件的另外4个基本视图。

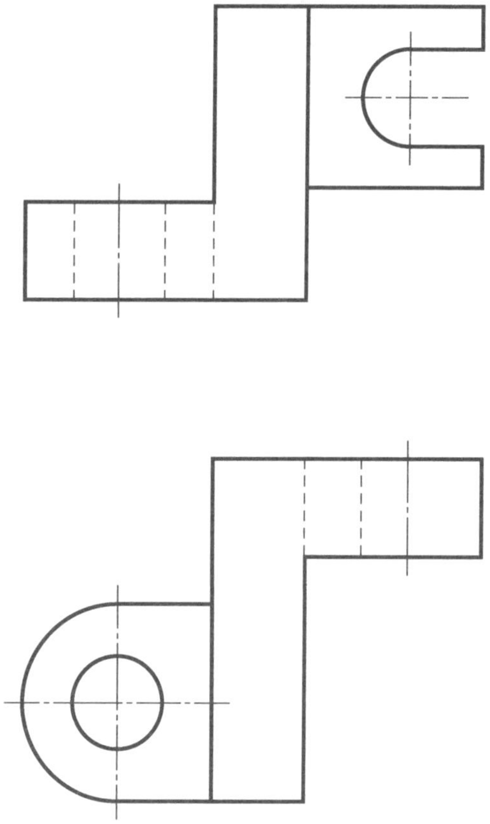

班级：＿＿＿＿＿＿　姓名：＿＿＿＿＿＿　学号：＿＿＿＿＿＿

(2) 根据已知的三视图，画出物体的右视图。

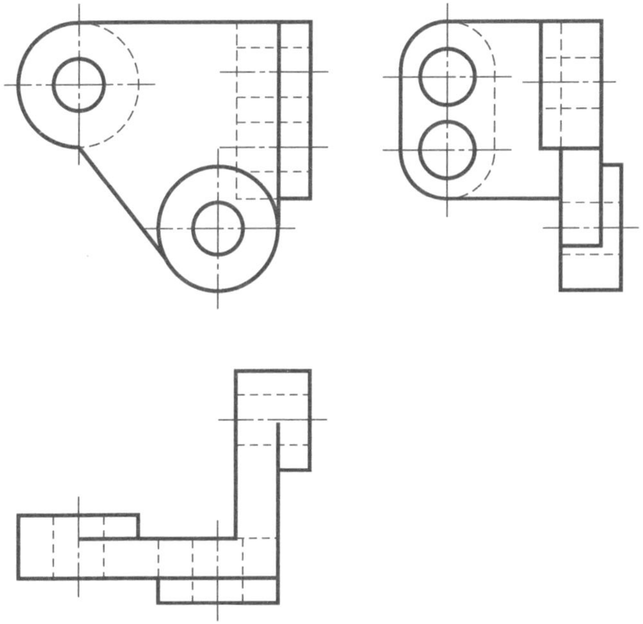

(3) 已知V形铁的主视图及A向视图，求作俯视图。

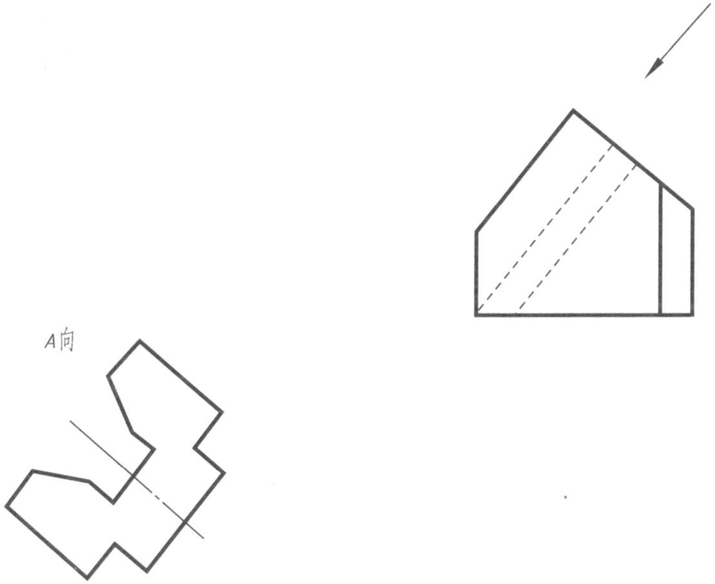

班级：________ 姓名：________ 学号：________

(4) 画出 A 向斜视图和 B 向局部视图。

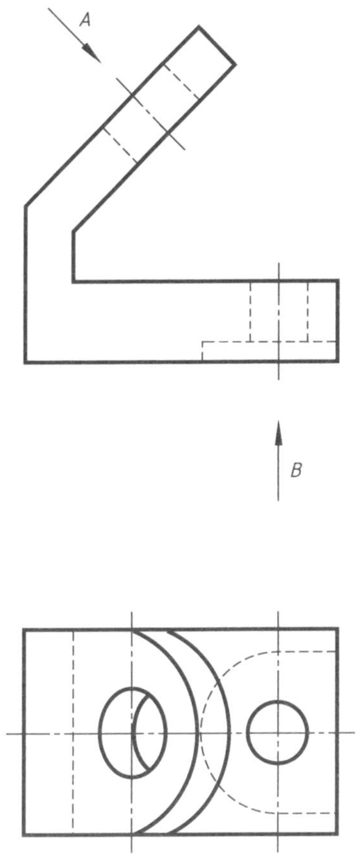

（5）画出 A 向斜视图和 B 向局部视图。

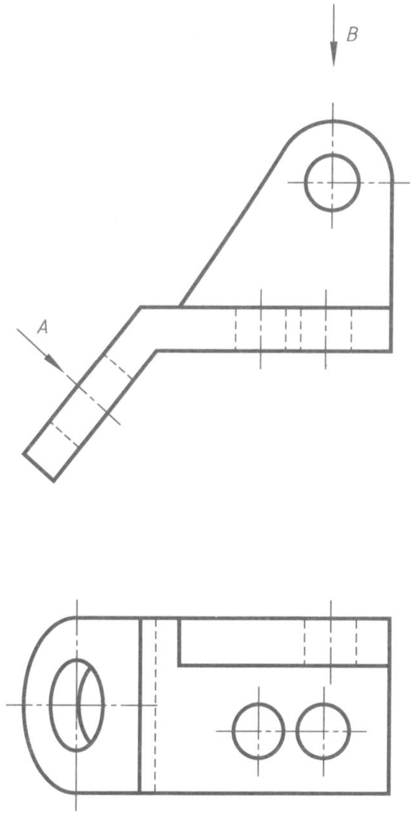

(6) 将俯视图改为旋转视图。

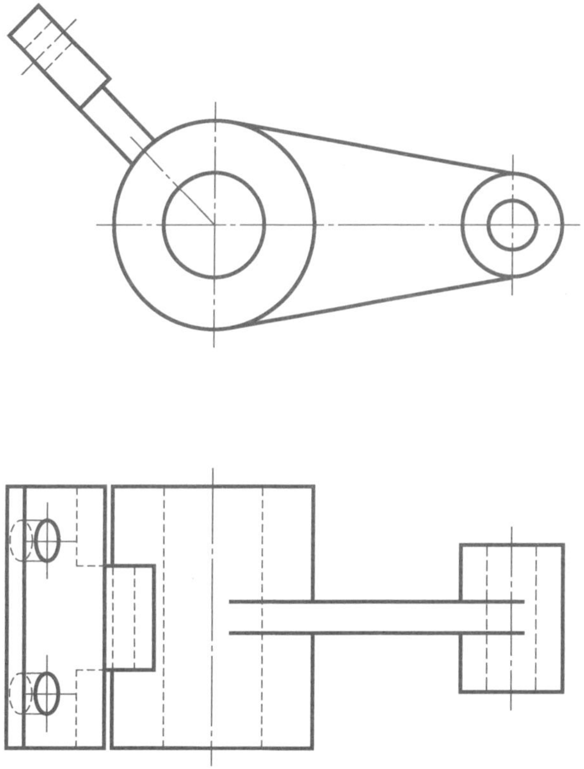

班级：______ 姓名：______ 学号：______

1. 补画全剖主视图

根据零件的俯视图、左视图，补画全剖主视图。

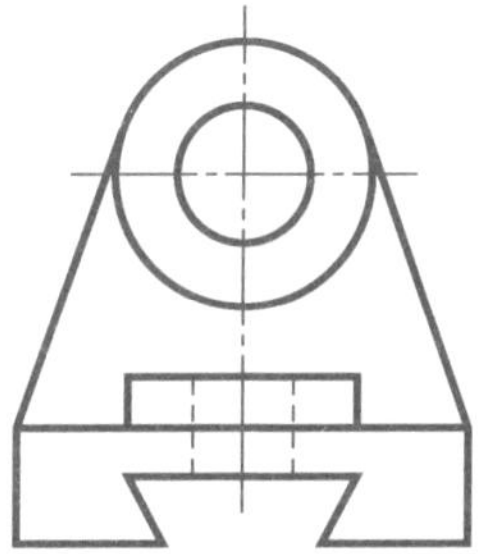

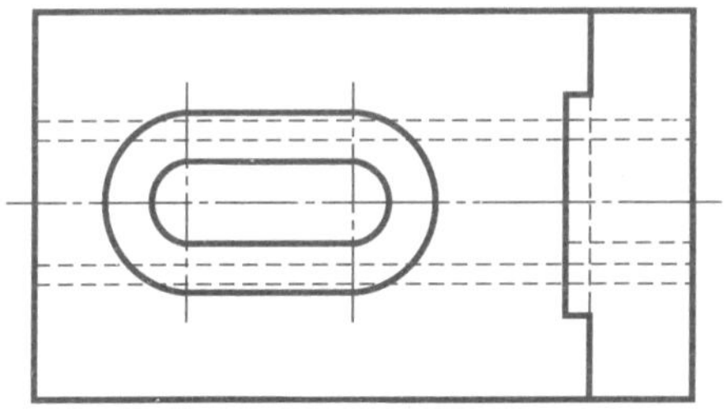

2. 在主视图上作全剖视

(1)

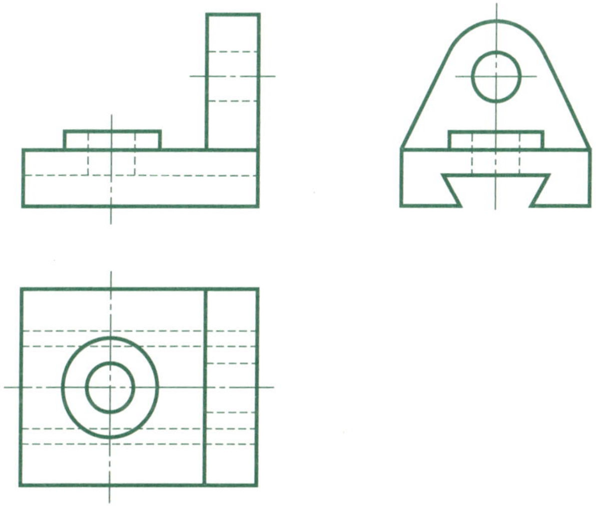

(2)

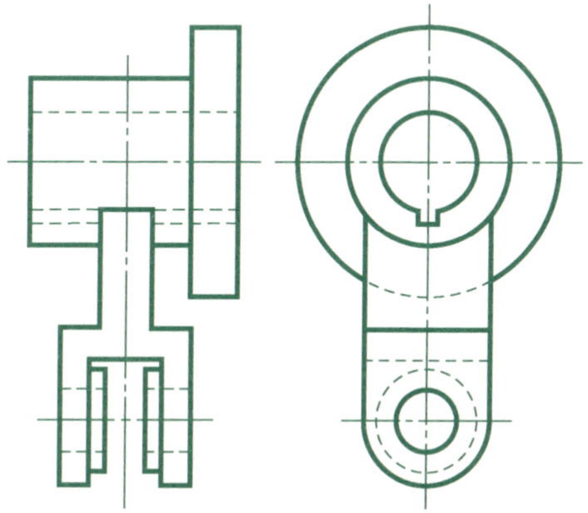

3. 在主视图上作半剖视

(1)

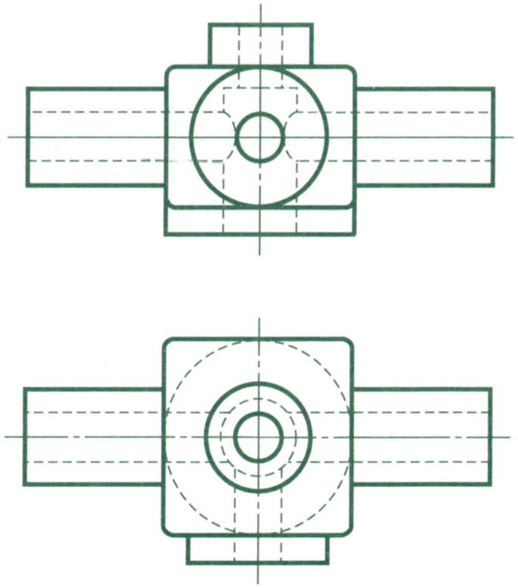

(2)

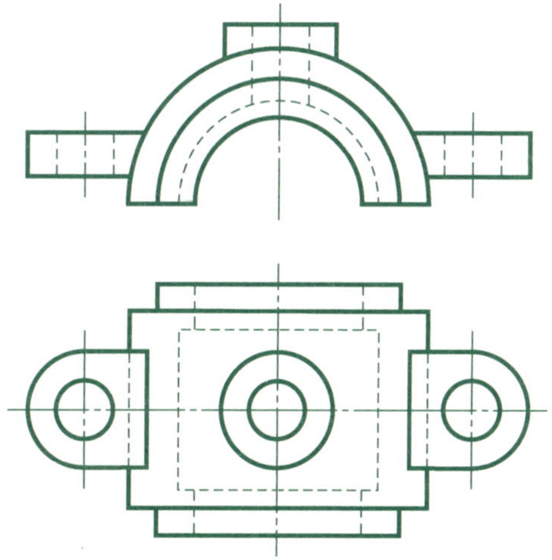

4. 在主视图上以波浪线为界作局部剖视

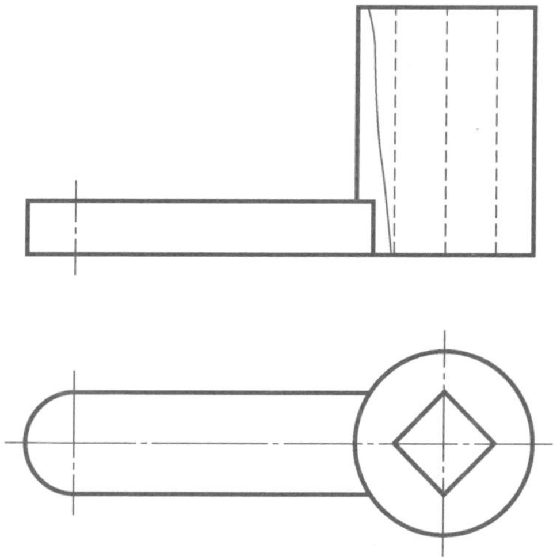

5. 在主视图与俯视上作局部剖图

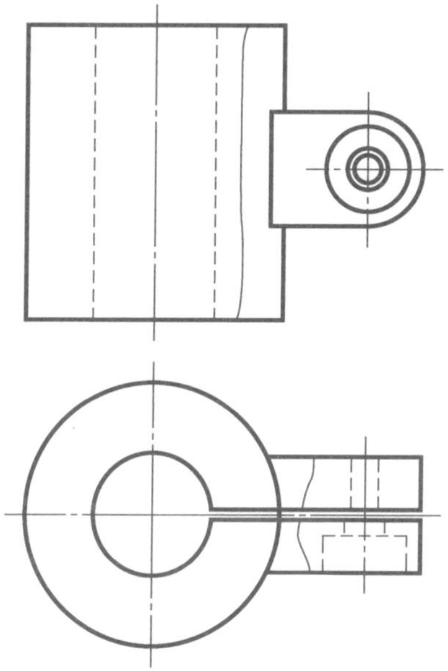

6. 补全剖视图中所缺的图线

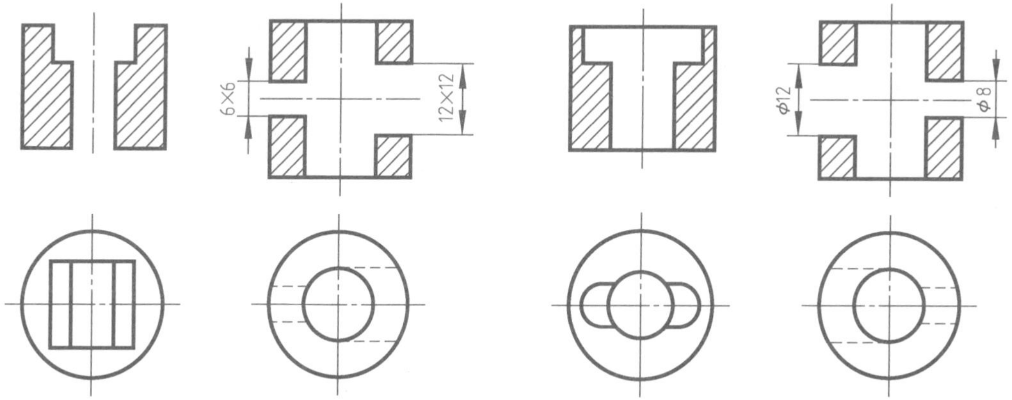

班级：____________ 姓名：____________ 学号：____________

7. 补全剖视图中所缺的图线

(1)

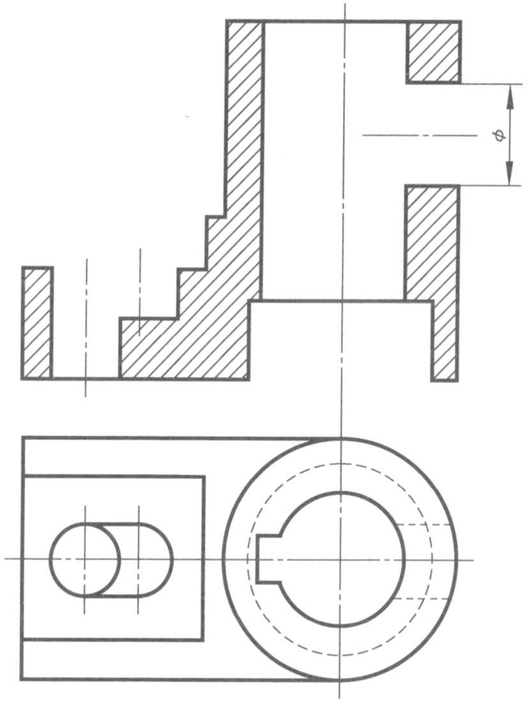

(2)

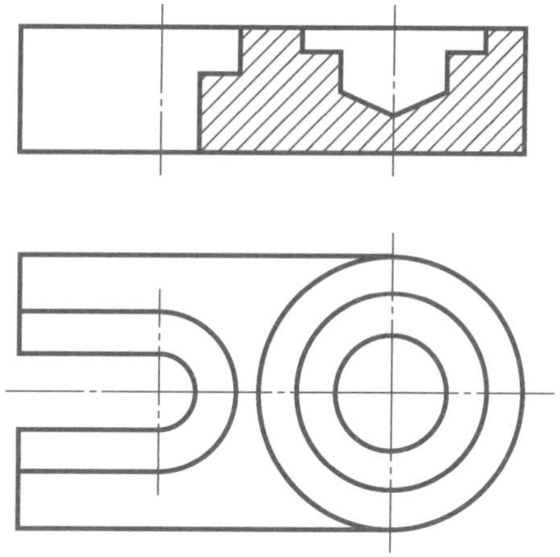

(3)

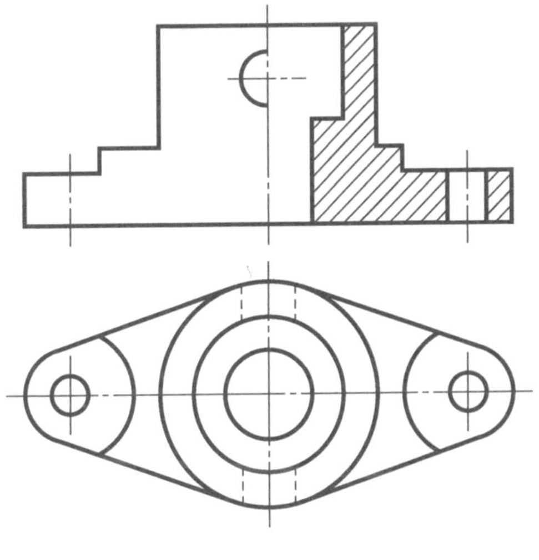

(4)

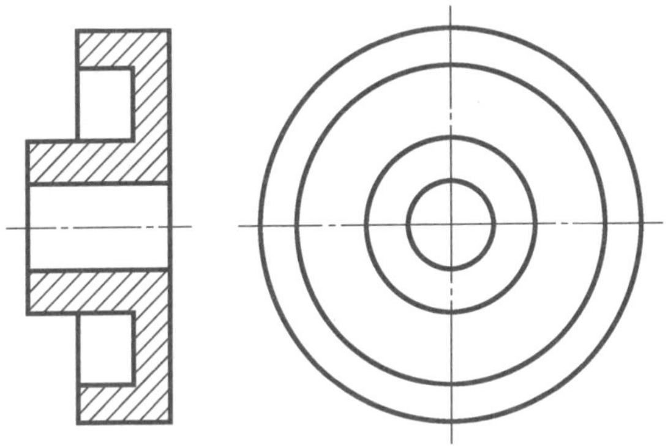

(5)

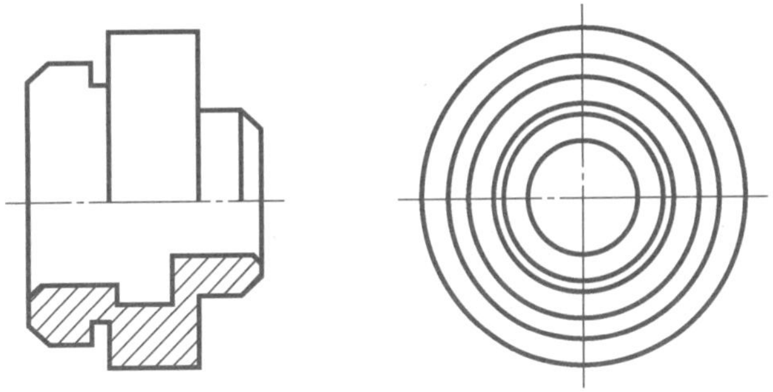

8. 作 C—C 剖视

作 C—C 剖视，并补全所缺的定位尺寸（按比例 1∶1在图中量取）。

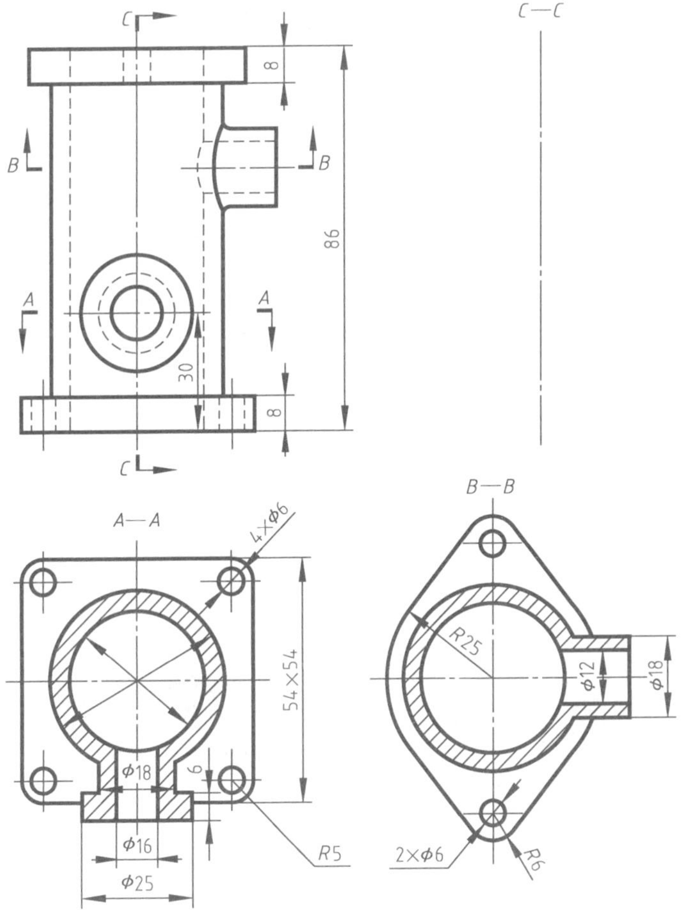

班级：________ 姓名：________ 学号：________

9. 求主视图并作 A—A 剖视

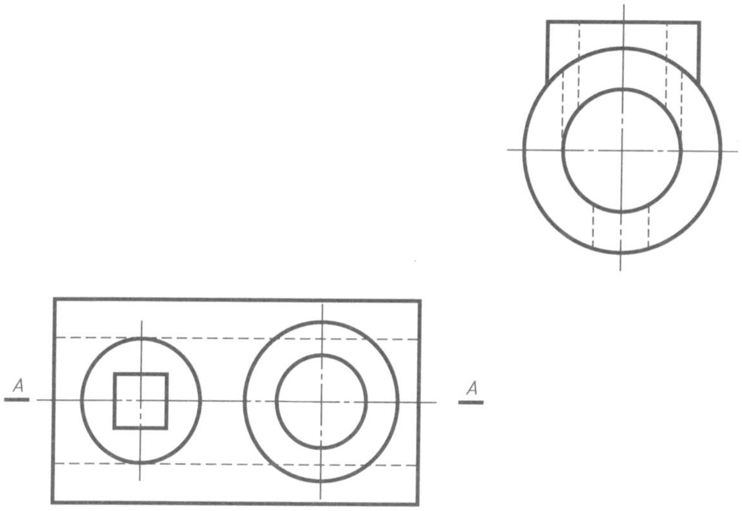

10. 补全主视图中所缺的图线

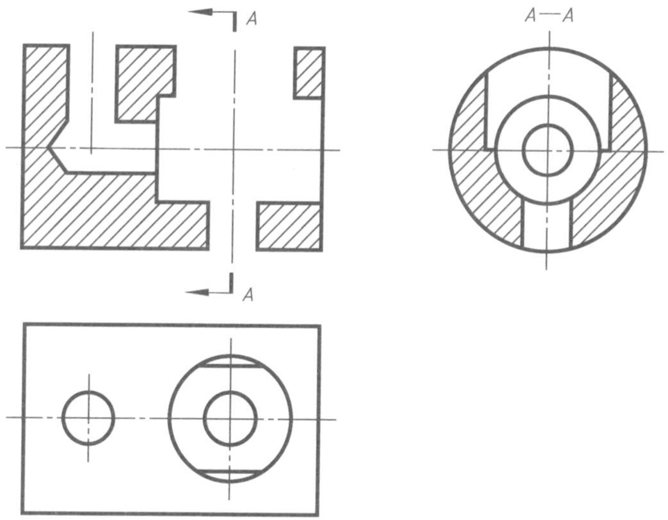

11. 作 A—A 剖视并在主视图上作局部剖视

(1)

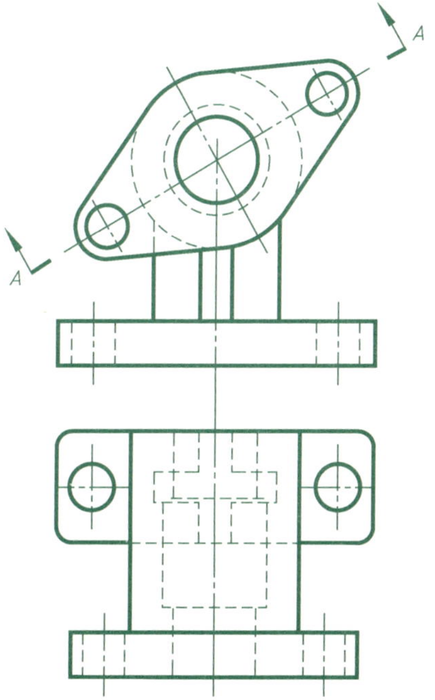

(2)

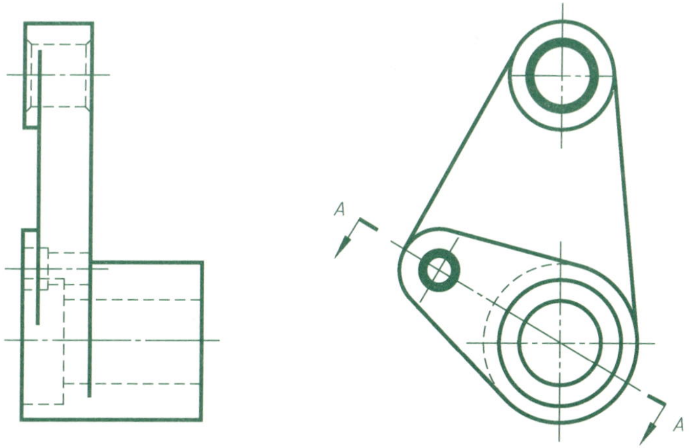

12. 在主视图上作阶梯剖视

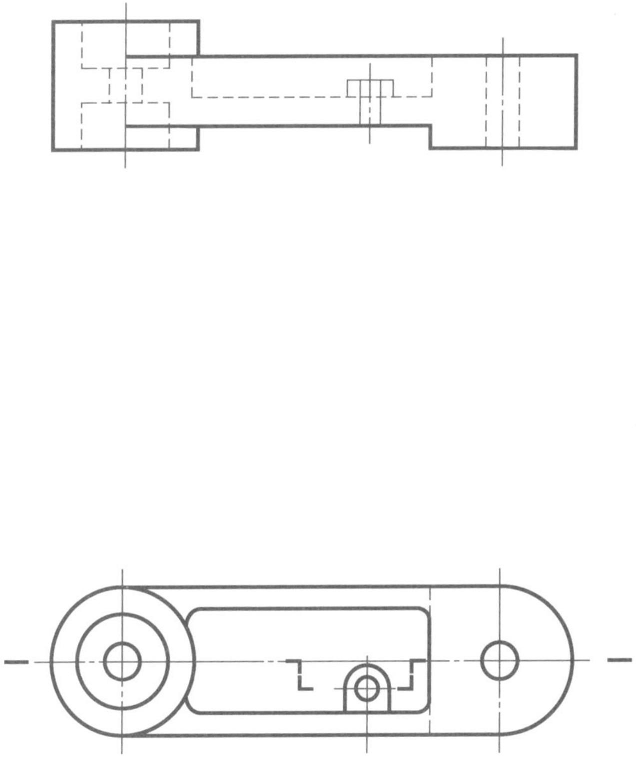

13. 补画阶梯剖视的俯视图

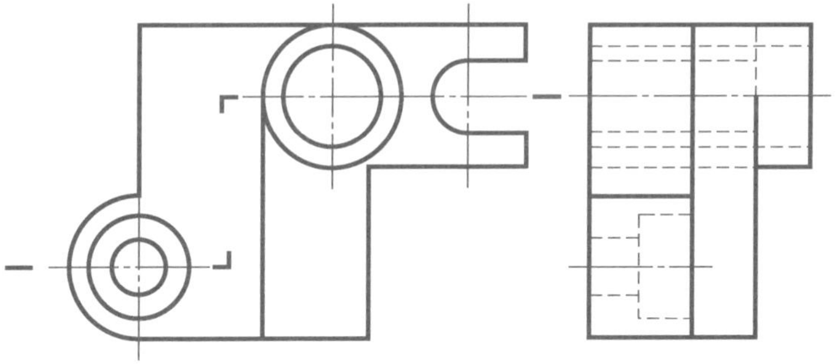

14. 在主视图上作 A—A 剖视

(1)

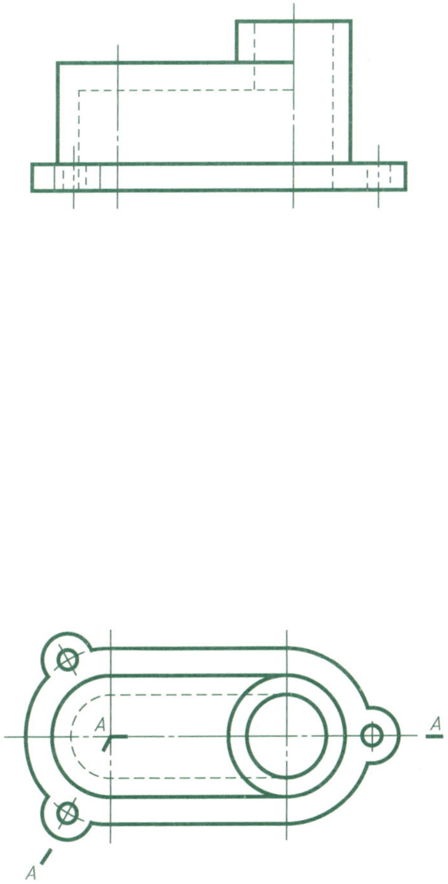

(2)

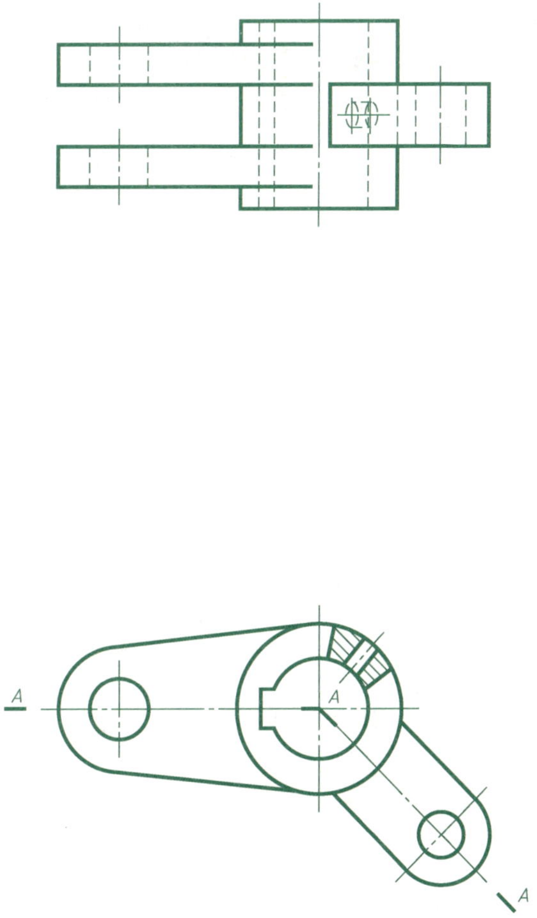

班级：______ 姓名：______ 学号：______

15. 在左视图上作 A—A 剖视

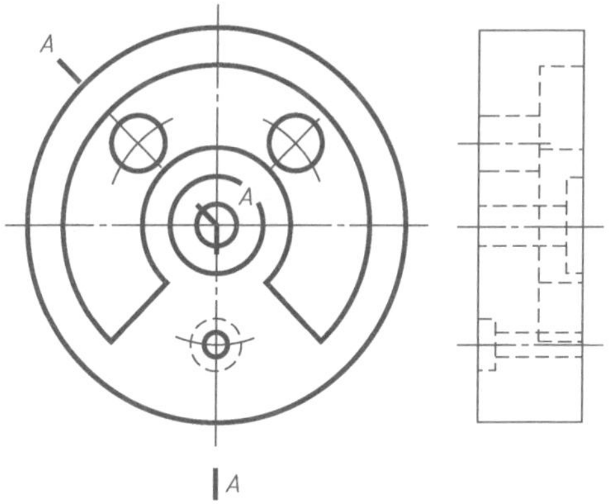

16. 画出主视图的外形图

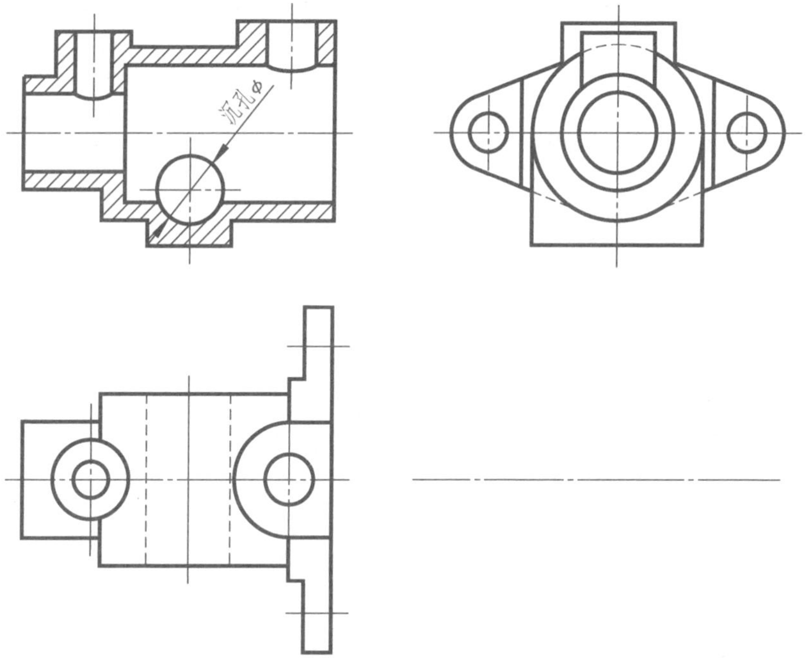

任务三　绘制机件的断面图

1. 画出指定位置的断面图（左端键槽深 4mm，右端键槽深 3mm）

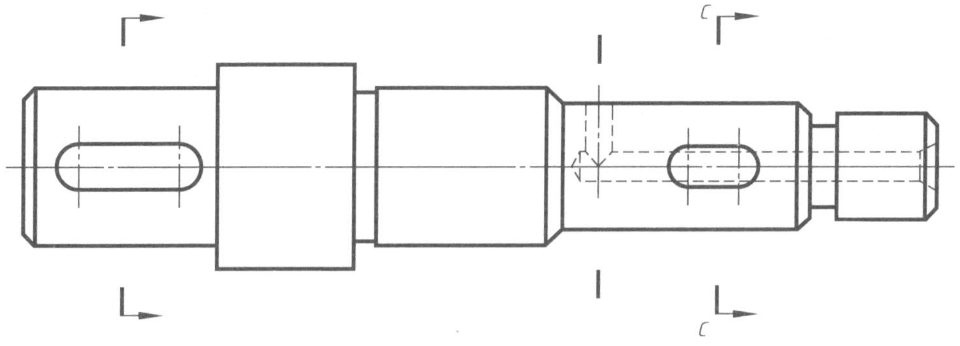

班级：__________　　姓名：__________　　学号：__________

2. 在两个相交剖切平面的延长线上，作出断面图

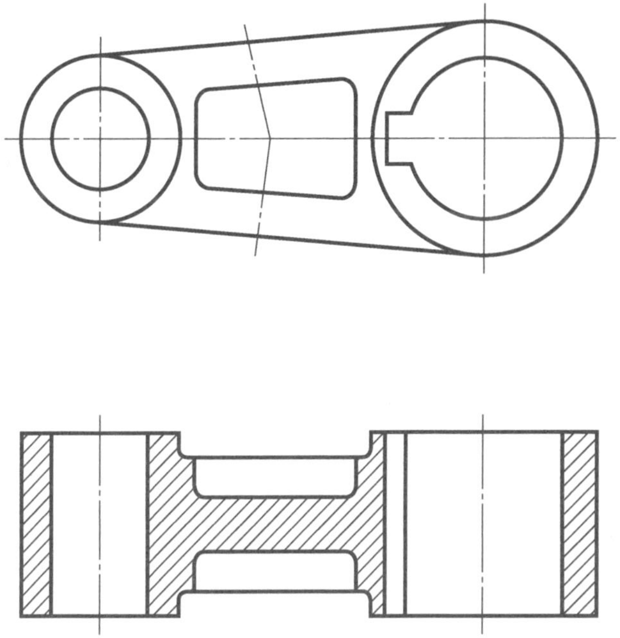

3. 求作 A—A、B—B 剖面图

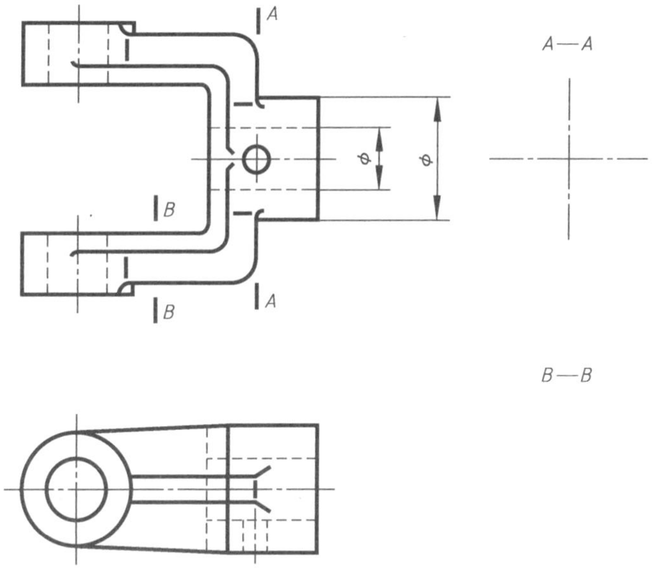

班级：______ 姓名：______ 学号：______

4. 作肋板的重合剖面图

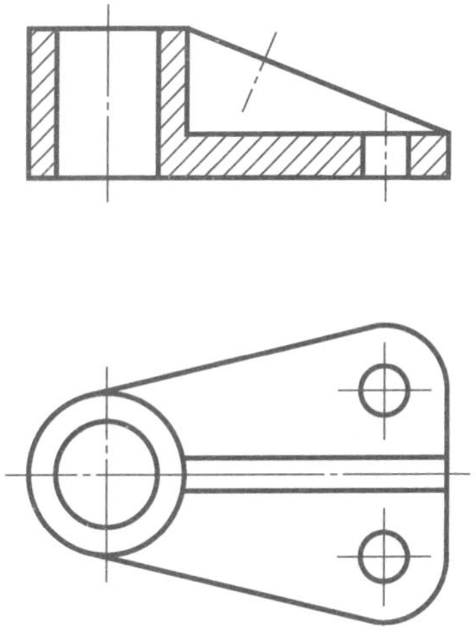

5. 作 A—A 剖面图

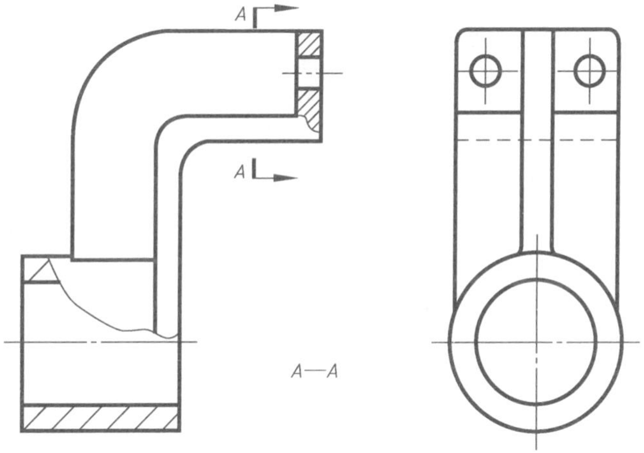

1. 求作左视图和剖视图

根据主视图、俯视图，求左视图并作 A—A 剖视图。

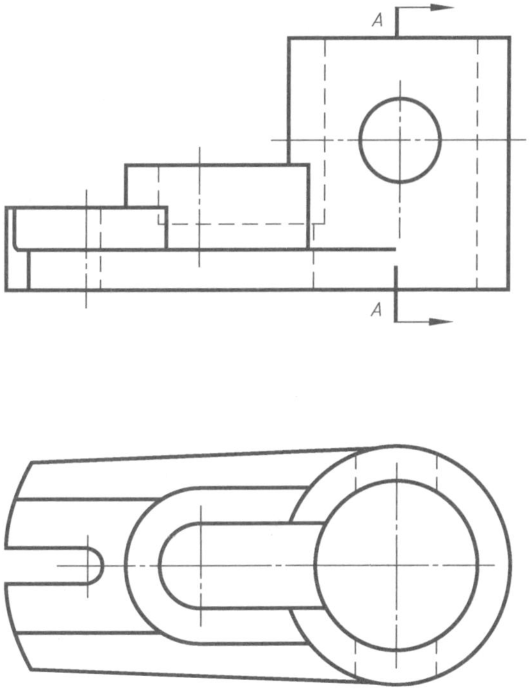

班级：＿＿＿＿＿＿　姓名：＿＿＿＿＿＿　学号：＿＿＿＿＿＿

2. 补全左视图（全剖视），求俯视图并作 A—A 半剖视图

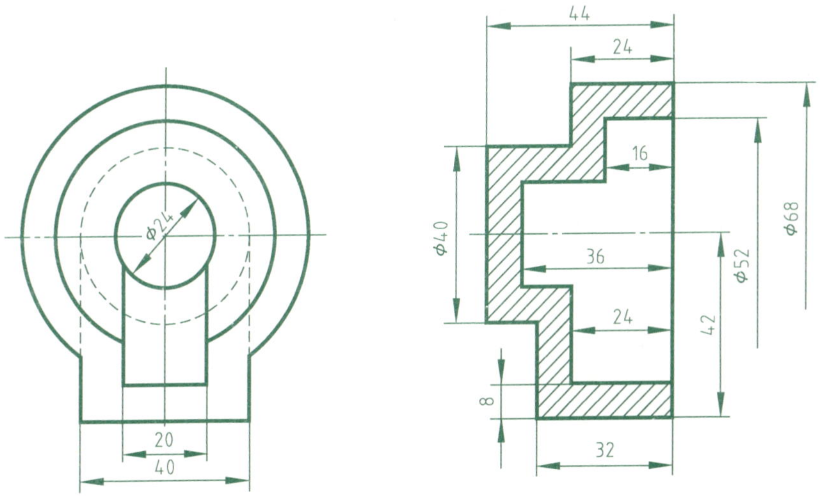

3. 补画剖视图中所缺的线条

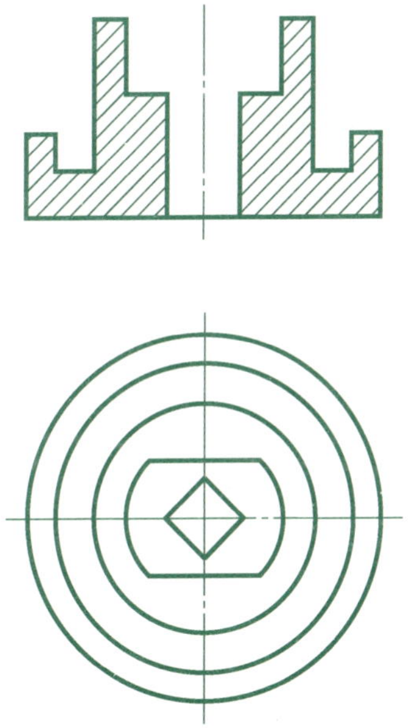

4. 补画剖视图中所缺的线条

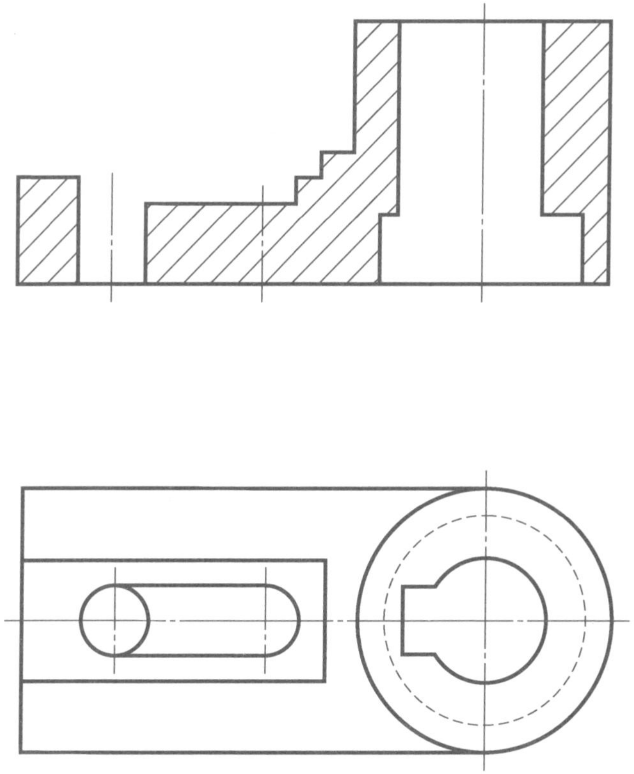

5. 将主视图改画成全剖视图

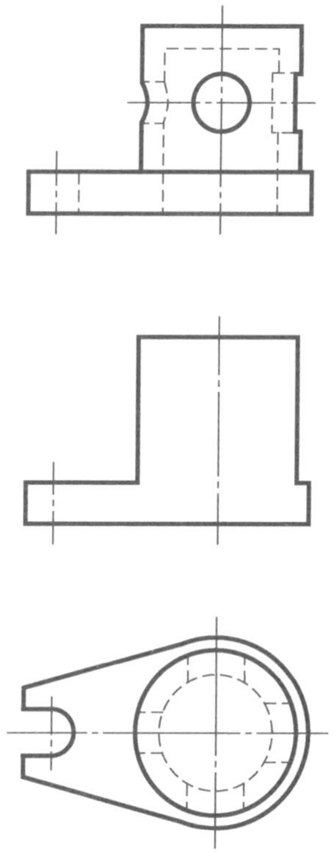

班级：________ 姓名：________ 学号：________

6. 将主视图改为半剖视图

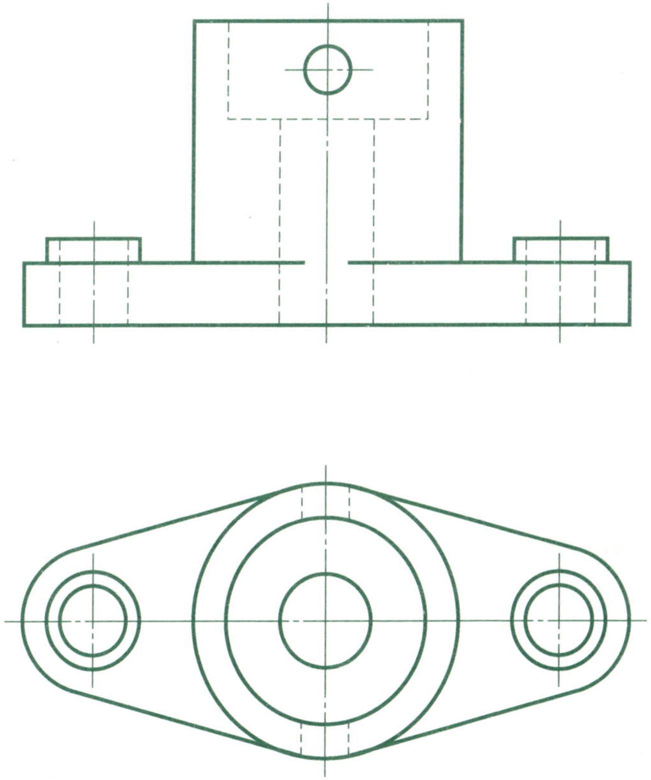

7. 将主视图改为局部剖视图

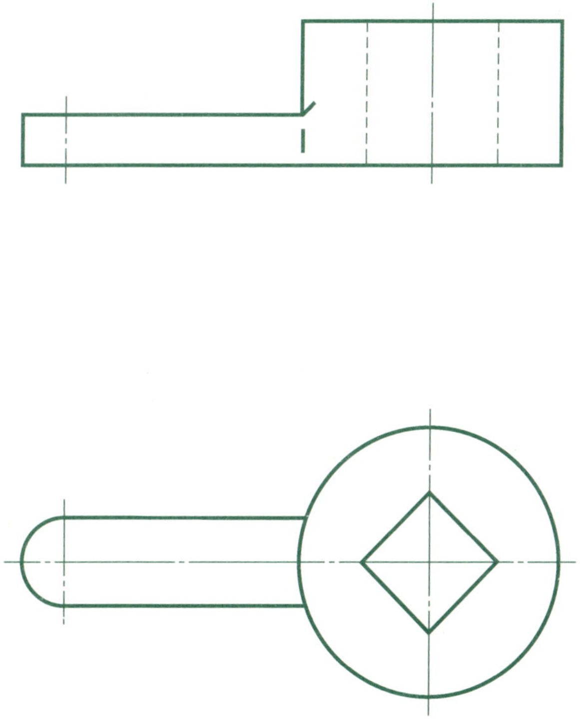

8. 将主视图改为半剖视图，并补画全剖左视图

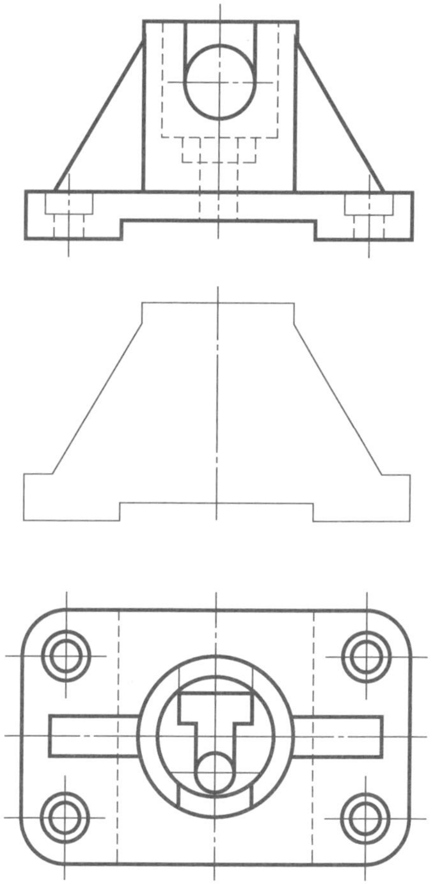

9. 找出图中的错误，把正确的局部视图画出

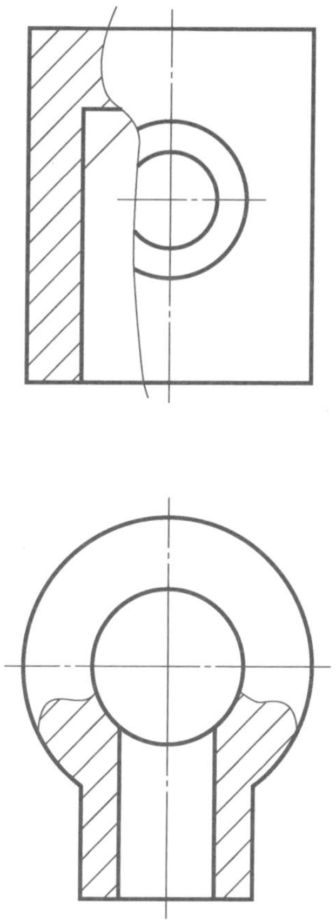

班级：________ 姓名：________ 学号：________

10. 将零件的左视图采用旋转剖

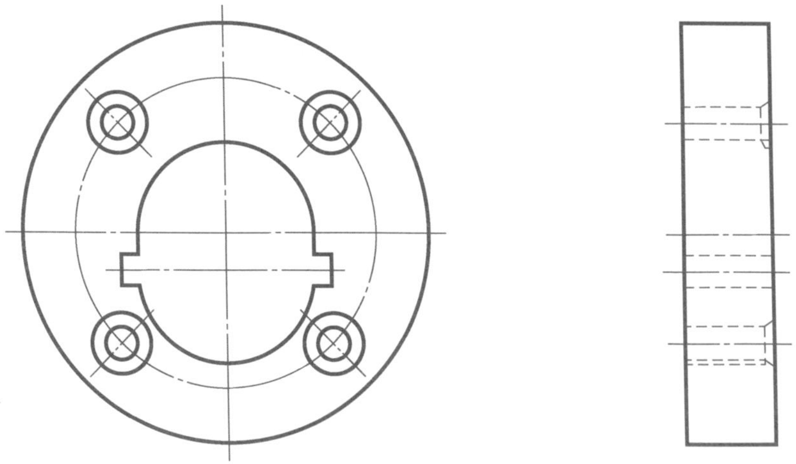

11. 将零件的主视图采用旋转剖

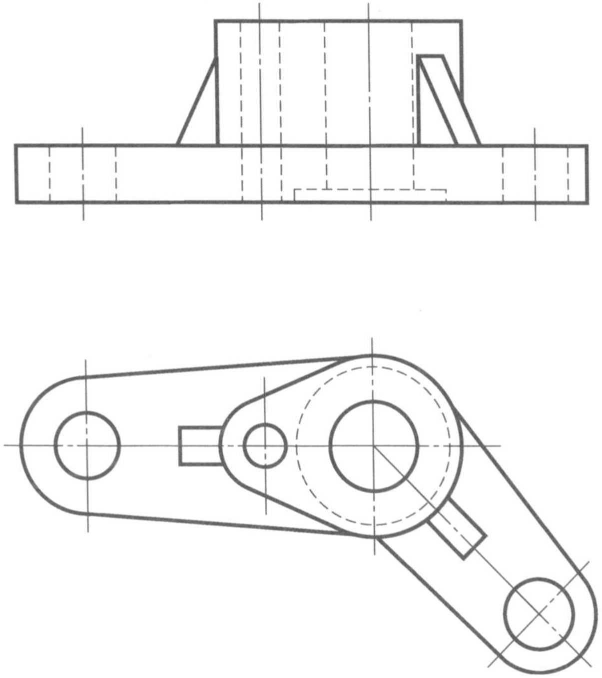

班级：＿＿＿＿＿＿ 姓名：＿＿＿＿＿＿ 学号：＿＿＿＿＿＿

12. 将左视图改为阶梯剖视图

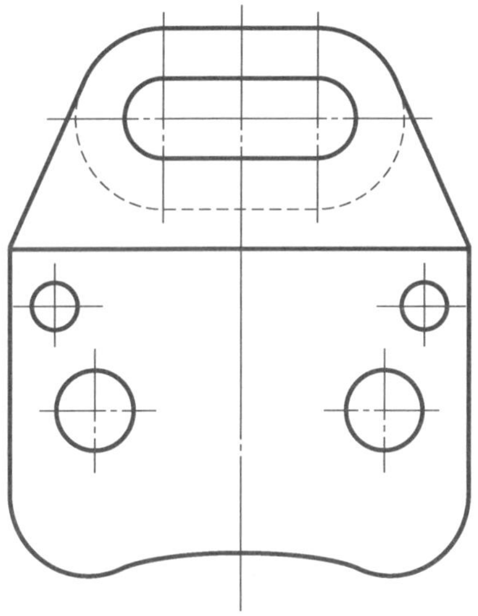

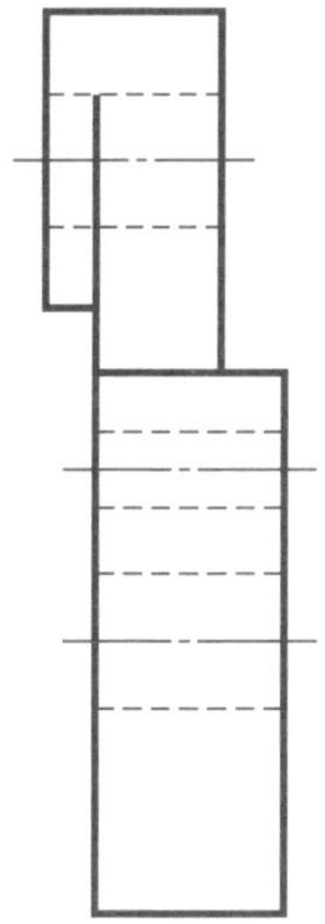

13. 将零件的主视图改画成全剖视图，将左视图画成半剖视图

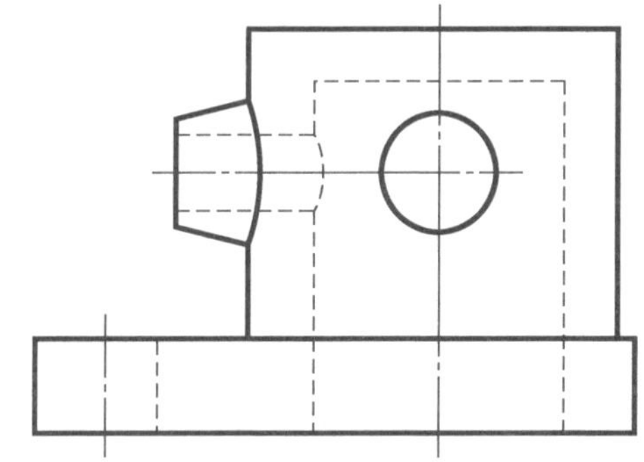

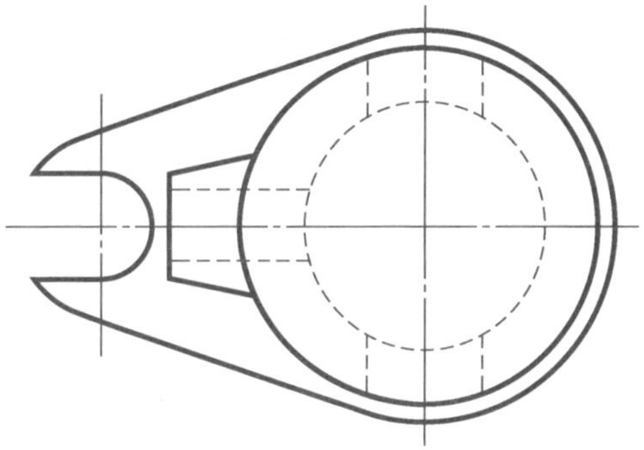

知识点回顾

依据所学知识完成以下填空：

1. 基本视图一共有__________个，它们的名称分别是__________、__________、__________、__________、__________、__________。
2. 基本视图的“三等关系”为：____________________视图__________；__________视图__________；__________视图__________。
3. 表达形体外部形状的方法，除基本视图外，还有__________、__________、__________、__________四种视图。
4. 按剖切范围的大小来分，剖视图可分为__________、__________、__________三种。
5. 剖视图的剖切方法可分为__________、__________、__________、__________、__________五种。
6. 剖视图的标注包括三部分内容：__________、__________、__________。
7. 省略一切标注的剖视图，说明它的剖切平面通过机件的____________________。
8. 断面图用来表达零件的__________形状，剖面可分为__________和__________两种。
9. 移出断面和重合断面的主要区别是：移出断面图画在__________，轮廓线用__________绘制；重合断面图画在__________，轮廓线用__________绘制。

班级：________________ 姓名：________________ 学号：________________

项目四　标准件、常用件的特殊表达

任务一　绘制螺纹、键、销连接图

1. 回答下列问题

在相应图上分别标出内、外螺纹的尺寸。

（1）内、外螺纹旋合时，需要________、________、________、________、________等五要素相同。

不论内螺纹或是外螺纹，螺纹的代号及尺寸均应注在螺纹的________径上；但管螺纹用________标注。

标准螺纹的________、________、________都要符合国家标准。常用的标准螺纹有________。

（2）

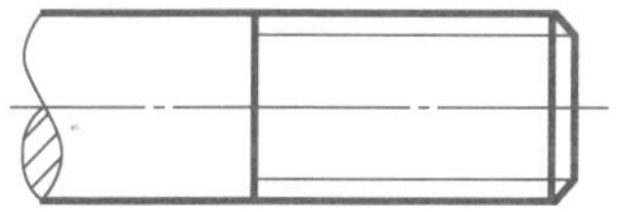

M16—6g 表示________螺纹。

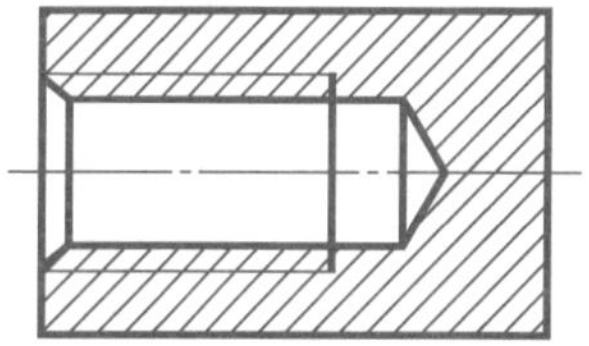

M16—5H 表示________螺纹。

（3）

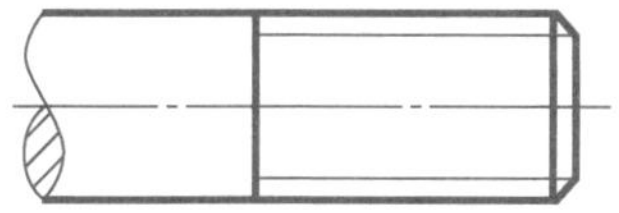

M16×1.5—5g6g 表示________螺纹。

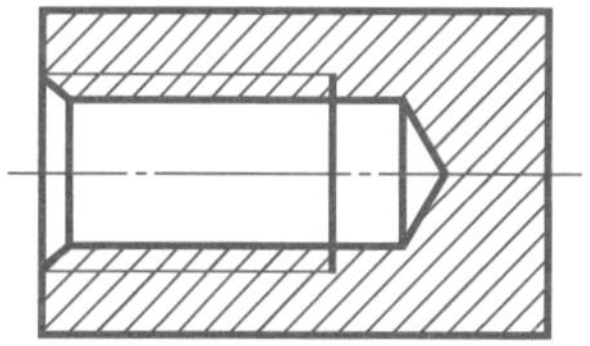

M16×1.5—6H 表示________螺纹。

班级：____________　姓名：____________　学号：____________

(4)

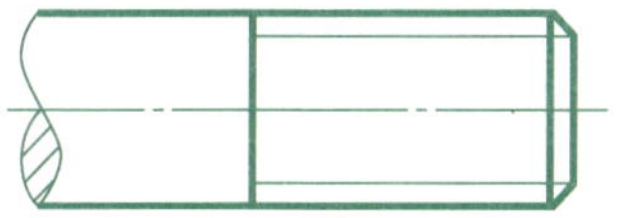

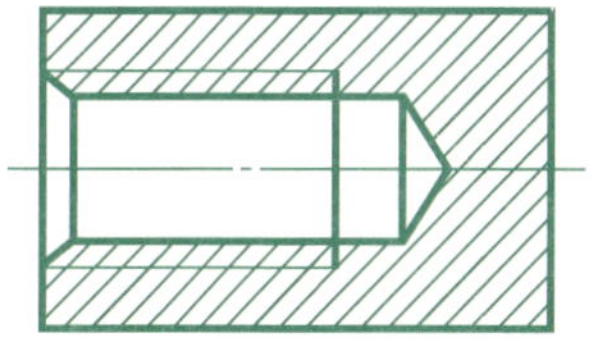

Tr32×12（p6）LH表示________为32mm，________为12mm，________线、________旋________螺纹。

(5)

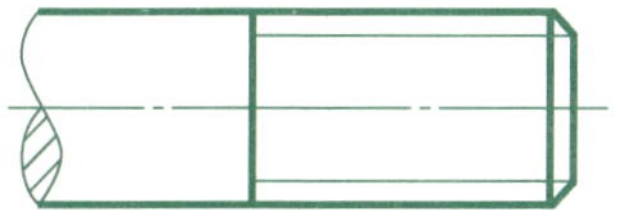

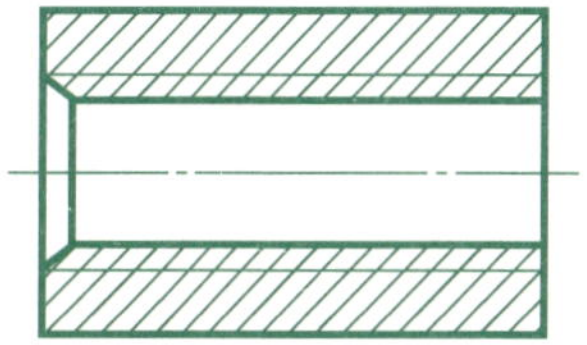

B120×18（p6）表示________为120mm，________为6mm，________线、________旋________螺纹。

(6)

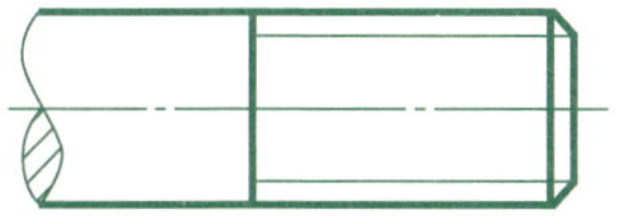

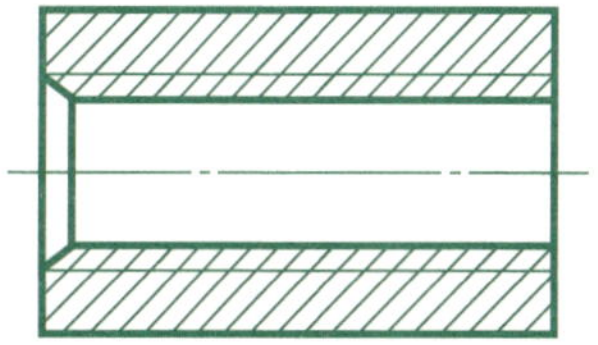

特M16×1.55是________螺纹，其________、________符合国家标准规定，但________不符合国标规定。

(7)

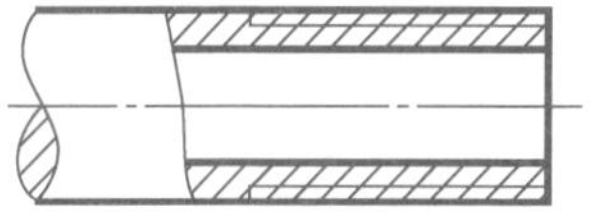

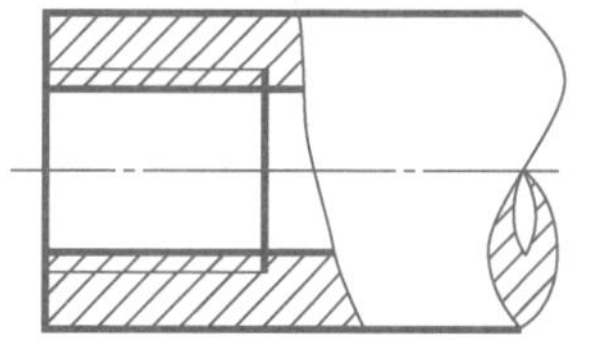

G1″表示管子的________是1″，查表知其螺纹大径为________，螺距为________，每英寸________牙。

(8)

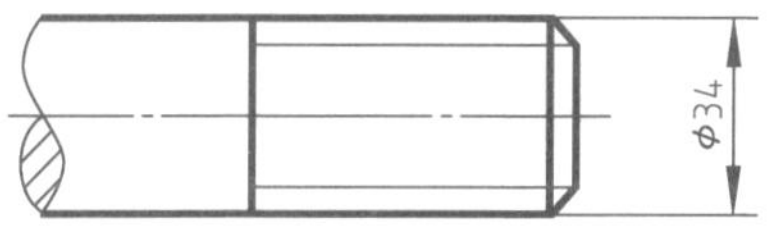

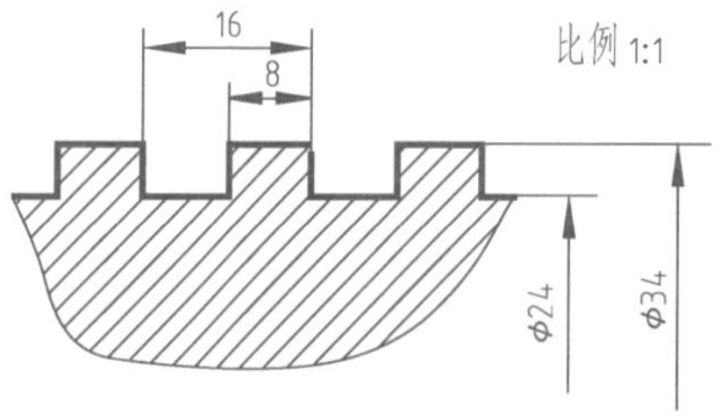

非标准螺纹的________不符合国标规定，画图时应画出________，并注出螺纹的________。

班级：__________ 姓名：__________ 学号：__________

2. 按要求作图

圈出下列各题（1）～（4）中的错误，在空白处画出正确的图形，在指定位置画出（5）的指定剖面。

（1）

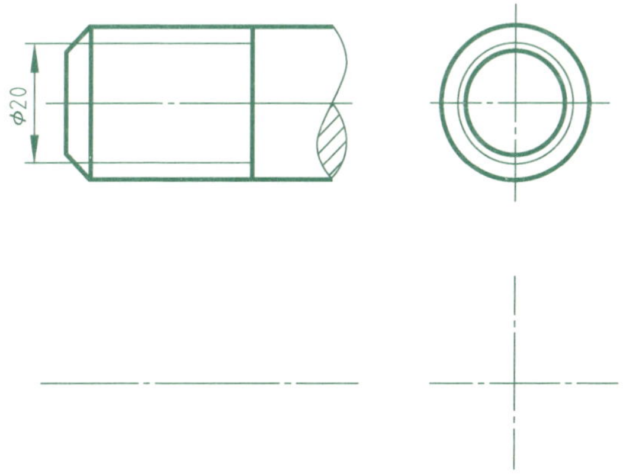

（2）

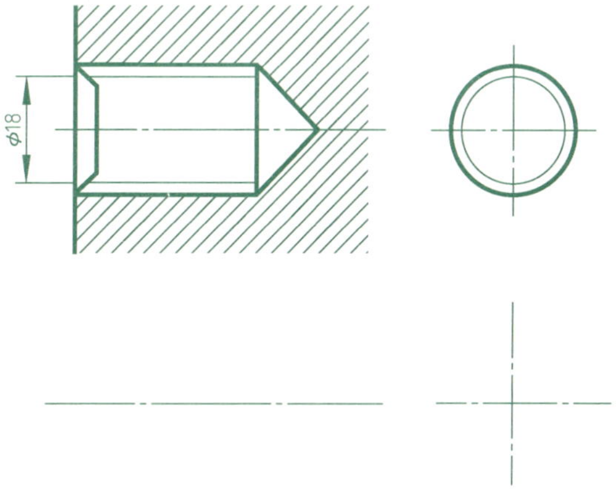

（3）

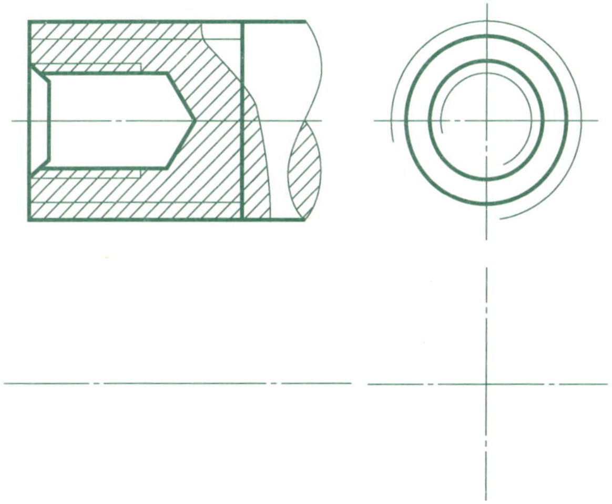

（4）

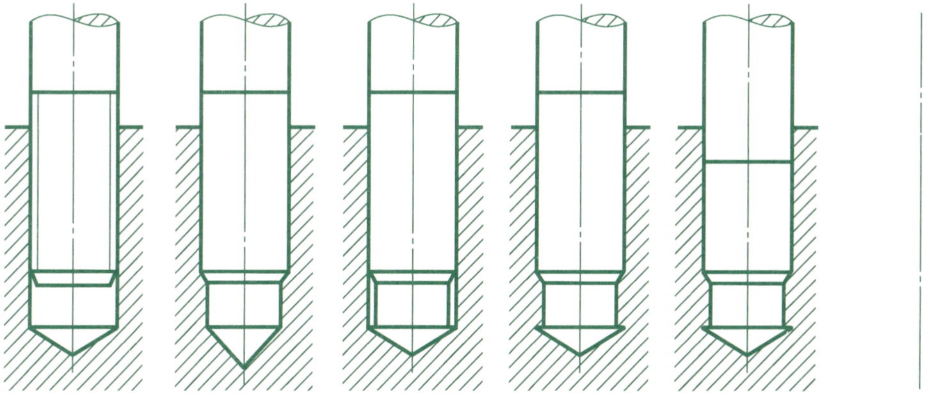

(5)

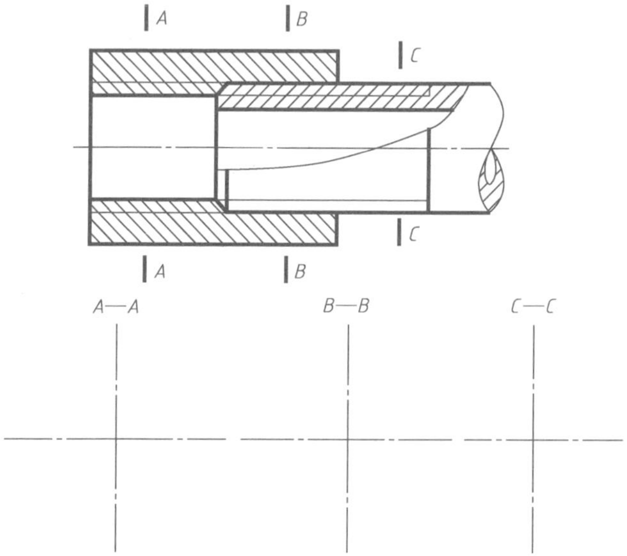

3. 标注螺纹尺寸

根据螺纹连接件的代号，查表并标出全部尺寸。

（1）GB/T 5782—16—M24×100。

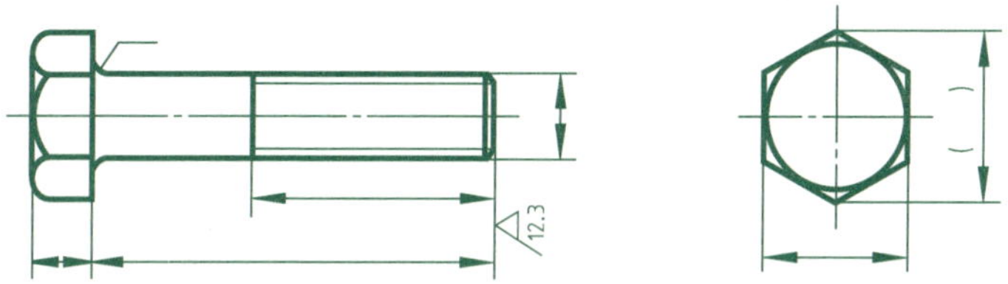

规定标记 ______________

（2）螺母 GB/T 6170—15—M24。

规定标记 ______________

（3）垫圈 GB 97.2—02—24。

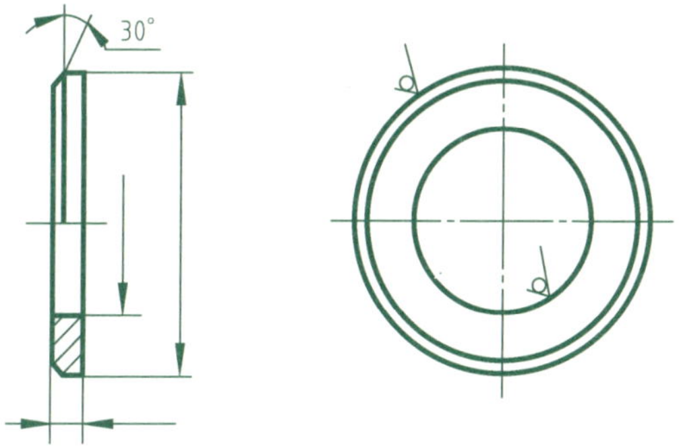

规定标记 ______________

4. 螺纹连接图

找出左边双头螺柱连接装配图中的错误，在右边画出正确的连接图（主视图画成全剖视图）。

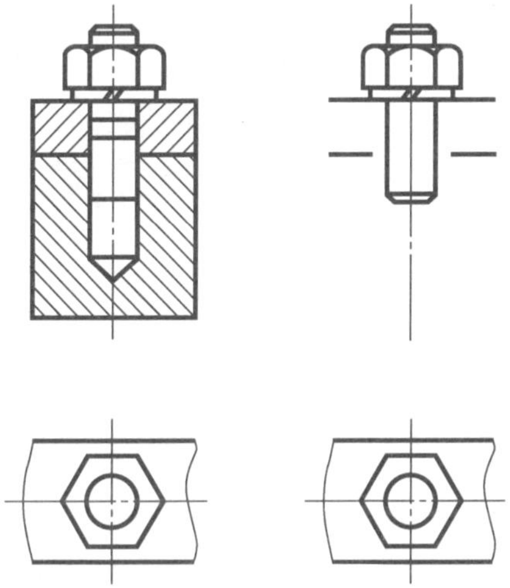

5. 螺栓连接图

画出两板的螺栓连接图。已知两板厚 $d_1= d_2=$ 20mm，板长 54mm，宽 50mm。螺栓 GB/T 5782—16—M20×L（L 计算后取标准值）；螺母 GB/T 6170—15—M20。垫圈 GB/T 97.1—02—20。要求：按比例 1∶1 画出螺栓装配图的三视图（主视图作全剖视）。

班级：________ 姓名：________ 学号：________

6. 螺钉连接图

画出零件的螺钉连接图。已知：上板厚 d_1= 8mm，下板厚 d_2= 32mm，材料为铸铁。螺钉 GB/T 68—16—M10×L（L 计算后取标准值）。要求：按比例 2∶1 画出螺钉装配图的二个视图（主视图作全剖视）。

7. 按给定尺寸和规定画法画螺纹

（1）外螺纹（M24），螺纹长度为 30mm。

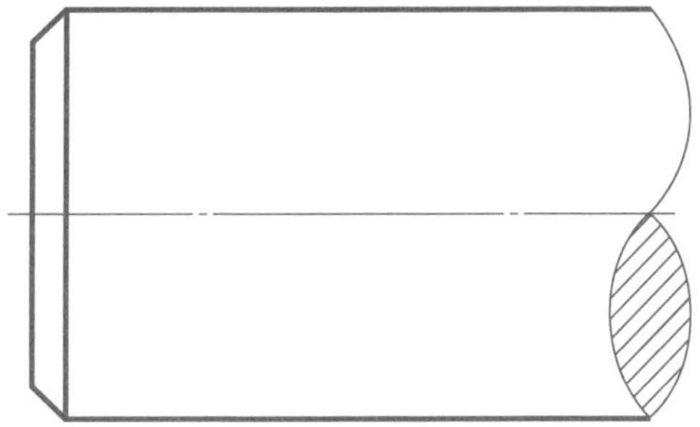

（2）螺纹通孔（M20），两端孔的倒角 C1。

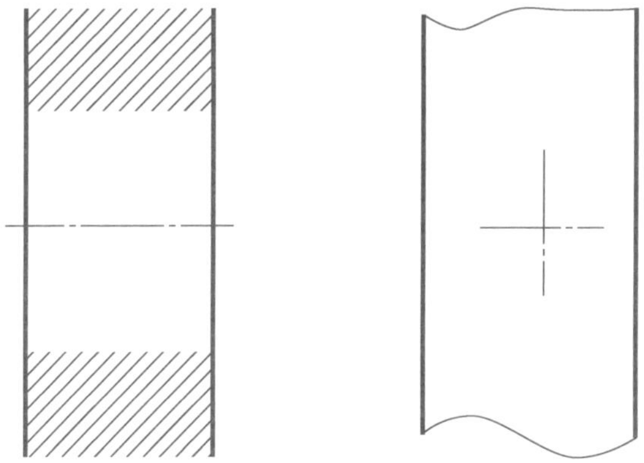

（3）螺纹不通孔（M16），钻孔深度 30mm，螺纹深度 24mm，孔口倒角 C1。

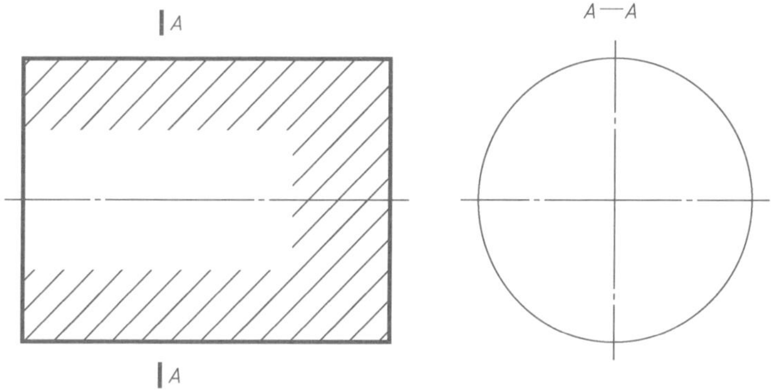

（4）将下列图形按螺纹连接的规定画法画出。

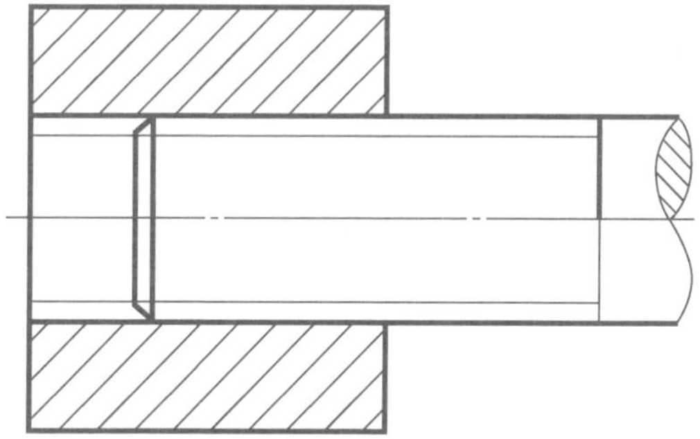

8. 解释下列螺纹标记的意义

① M24LH—5H—S

② M20×1.5—5g6g

③ Tr32×6LH—7H

④ B40×14（P7）—8e—L

9. 标注螺纹代号

（1）普通粗牙外螺纹，公称直径24mm，单线，右旋，中径、顶径公差带代号6g，中等旋合长度。

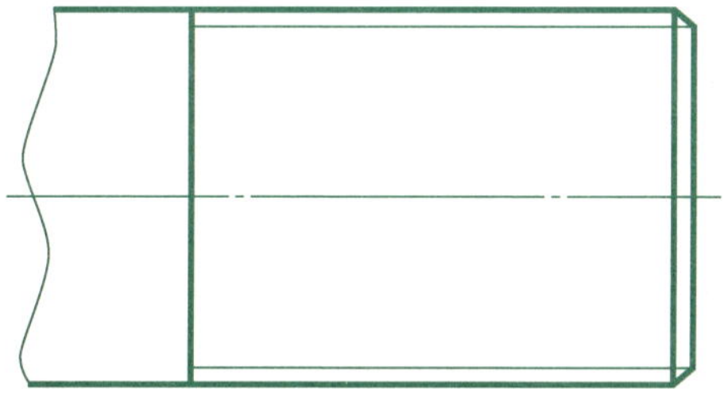

（2）普通螺纹，公称直径24mm，螺距2mm，单线，左旋，中径、顶径公差带代号分别为5H、6H，中等旋合长度。

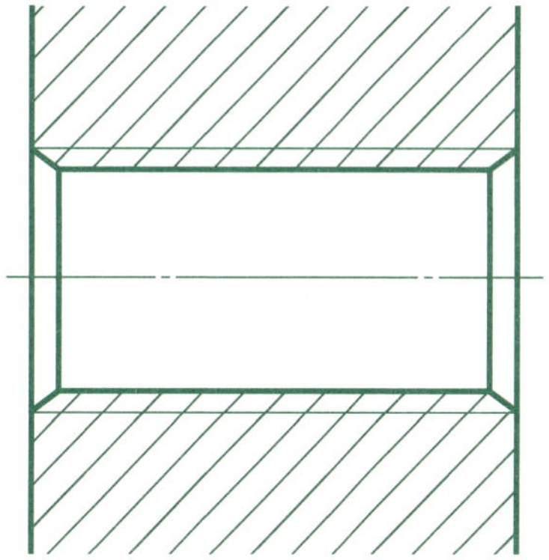

班级：________ 姓名：________ 学号：________

(3) 锯齿形螺纹，公称直径32mm，螺距6mm，双线，右旋，中径公差带代号7h，中等旋合长度。

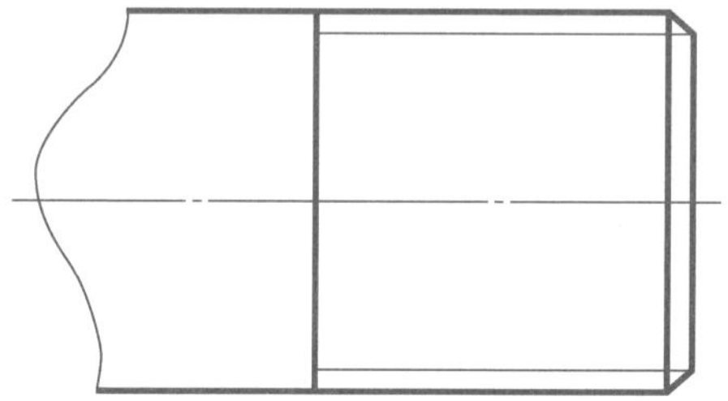

(4) 用螺纹密封的圆锥内螺纹尺寸代号1，右旋。

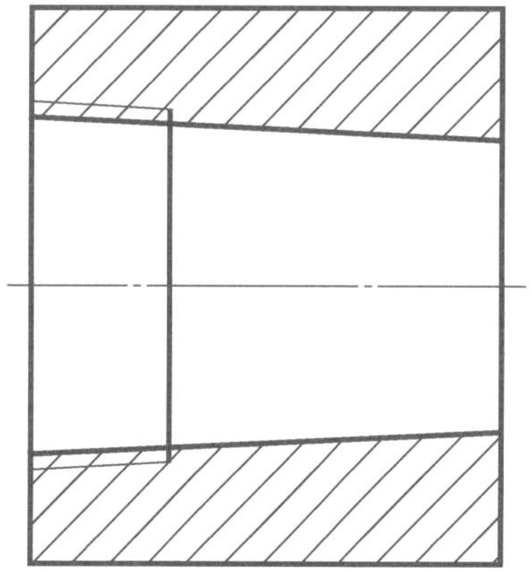

班级：__________ 姓名：__________ 学号：__________

(5) 非螺纹密封的管螺纹尺寸代号 1，公差等级 A 级，右旋。

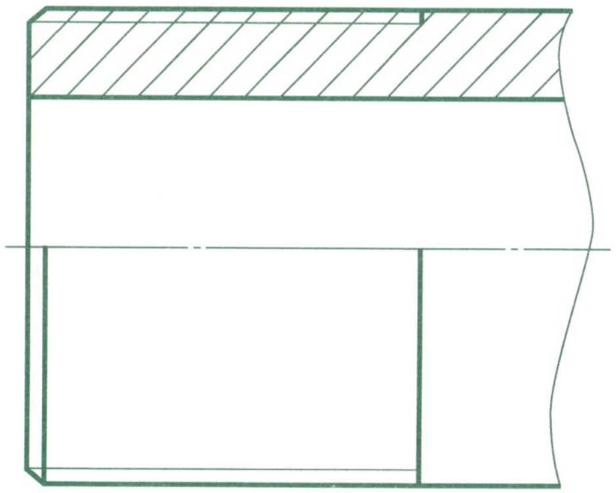

(6) 用螺纹密封的圆锥外螺纹尺寸代号 1，左旋。

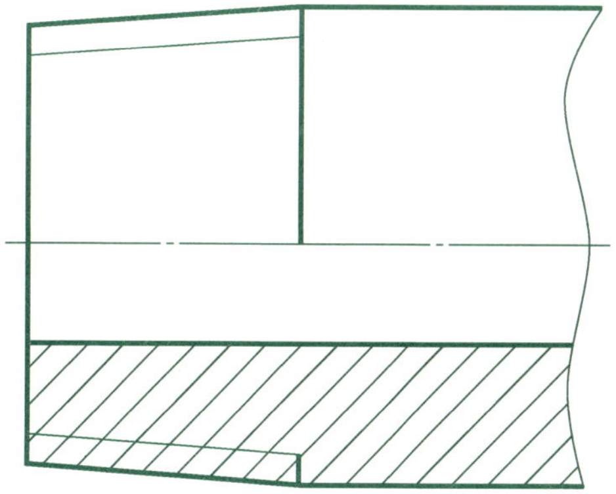

班级：__________ 姓名：__________ 学号：__________

10. 键联结

已知齿轮和轴用A型普通平键联结，轴、孔直径为20mm，键长为20mm。要求写出键的规定标记，查表确定键槽的尺寸，画全下列各视图和断面图中所缺漏的图线，并在轴的断面图和齿轮的局部视图中标注轴、孔直径和键槽的尺寸。

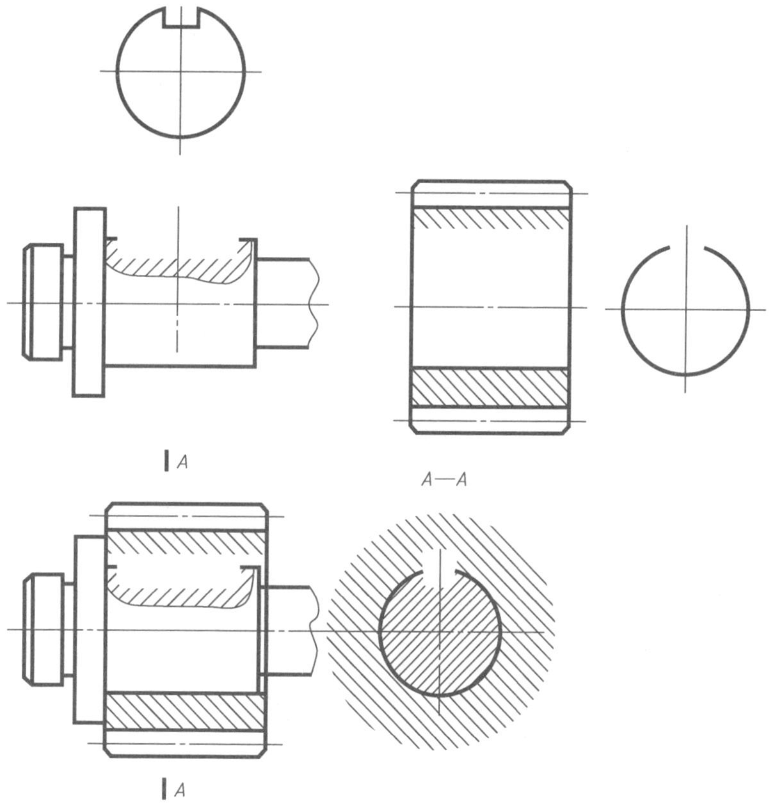

班级：________ 姓名：________ 学号：________

1. 补全齿轮啮合的主视图和左视图

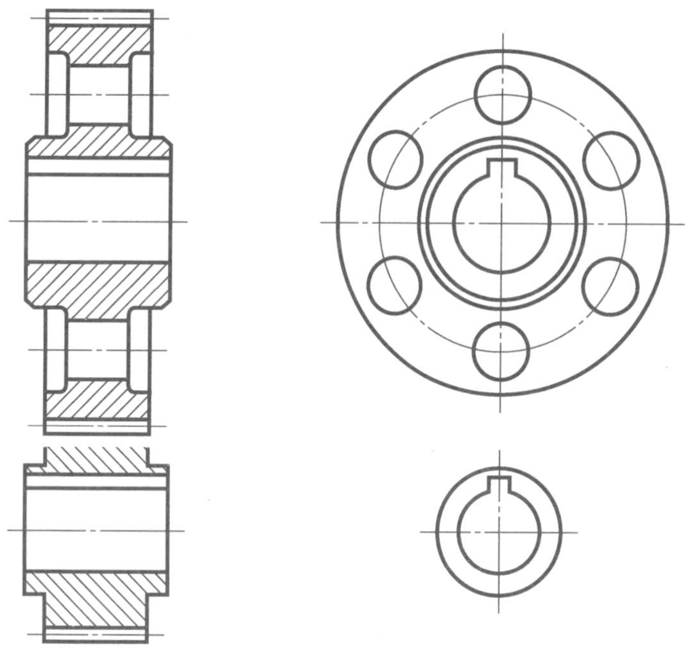

2. 销联结、弹簧和轴承画法

(1) 齿轮与轴用直径为 10mm 的圆柱销连接，画全销连接的剖视图，比例 1∶1，并写出圆柱销的规定标记。

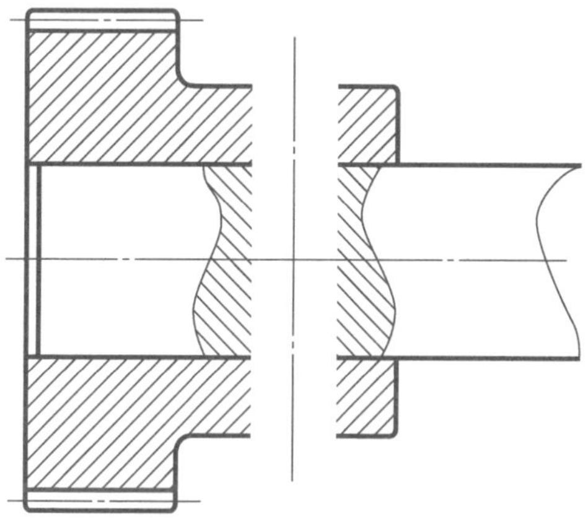

(2) 用规定画法在轴端画出轴承与轴的装配图，并解释滚动轴承代号的含义。

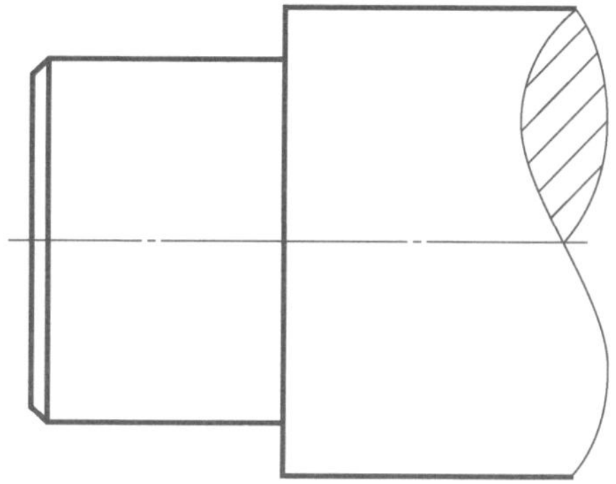

滚动轴承 6205

含义：

内径____________________

尺寸系列____________________

轴承类型____________________

知识点回顾

依据所学知识完成以下填空：

1. 螺纹的五要素是________、________、________、________、________。只有当内、外螺纹的五要素________时，它们才能互相旋合。
2. 螺纹的三要素是________、________、________。当螺纹的三要素都符合国家标准规定的称为________螺纹；牙型不符合国家标准的称为________螺纹；牙型符合国家标准，但________不符合国家标准的称为特殊螺纹。
3. 外螺纹的规定画法是：大径用________表示，小径用________表示，终止线用________表示。
4. 在剖视图中，内螺纹的大径用________表示，小径用________表示，终止线用________表示。不可见螺纹孔，其大径、小径和终止线都用________表示。
5. 一螺纹的标注为 M24×1.5，表示该螺纹是________螺纹，其大径为________，螺距为________，旋向为________。
6. 粗牙普通螺纹，大径 24，螺距 3，中径公差带代号为 6g，左旋，中等旋合长度，其螺纹代号为________，该螺纹为____螺纹。
7. 梯形螺纹，公称直径 20，螺距 4，双线，右旋，中径公差带代号为 7e，中等旋合长度，其螺纹代号为________，该螺纹为____螺纹。
8. 用螺纹密封的管螺纹，尺寸代号为 3/4，圆柱内螺纹与圆锥外螺纹连接的代号为________。
9. 螺纹连接用于________，常见的螺纹连接形式有：________、________、________。
10. 键连接用于________的________连接，以________。常用键的种类有________、________、________、________。
11. 销用作零件间的________。常用销的种类有________、________、________。
12. 齿轮传动用于传递________，并可以改变运动________。齿轮传动的三种形式是________、________、________。
13. 圆柱齿轮按轮齿的方向可分为________、________、________三种。
14. 齿轮轮齿部分的规定画法是：齿顶圆用________绘制；分度圆用________绘制；齿根圆用________绘制，也可省略不画。在剖视图中，齿根圆用________绘制。
15. 轴承是用来________轴的。滚动轴承分为________、________和________三类。
16. 轴承代号 6208 指该轴承类型为________，其尺寸系列代号为________，内径为________。
17. 轴承代号 30205 是________轴承，其尺寸系列代号为________，内径为________。
18. 弹簧可用于________等作用。常见弹簧有________、________、________。

项目五　识读与绘制零件图

任务一　识读产品的几何技术规范

（1）根据泵盖轴测图上所指出的表面及其表面粗糙度参数数值，在视图上标出相应的表面粗糙度代号。

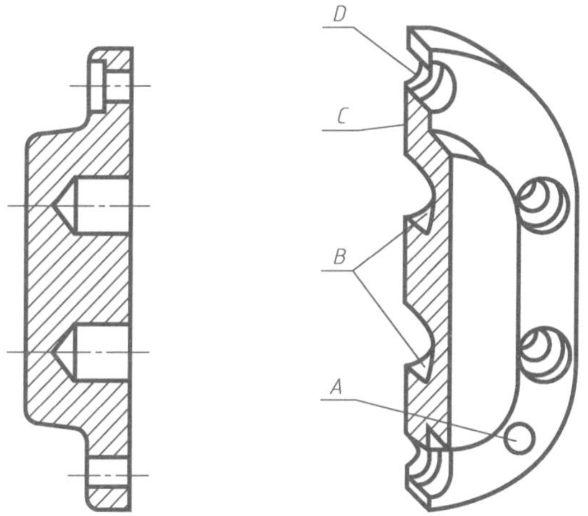

加工方法	去除材料		不去除材料
表面代号	A、B、C 面	D 面	其他面
表面粗糙度参数*Ra*（μm）	1.6	12.5	

(2) 找出轴承套（该零件为旋转体的组合）图中的表面粗糙度代号标注方面的错误，在下图中作正确标注，并说明符号的含义。

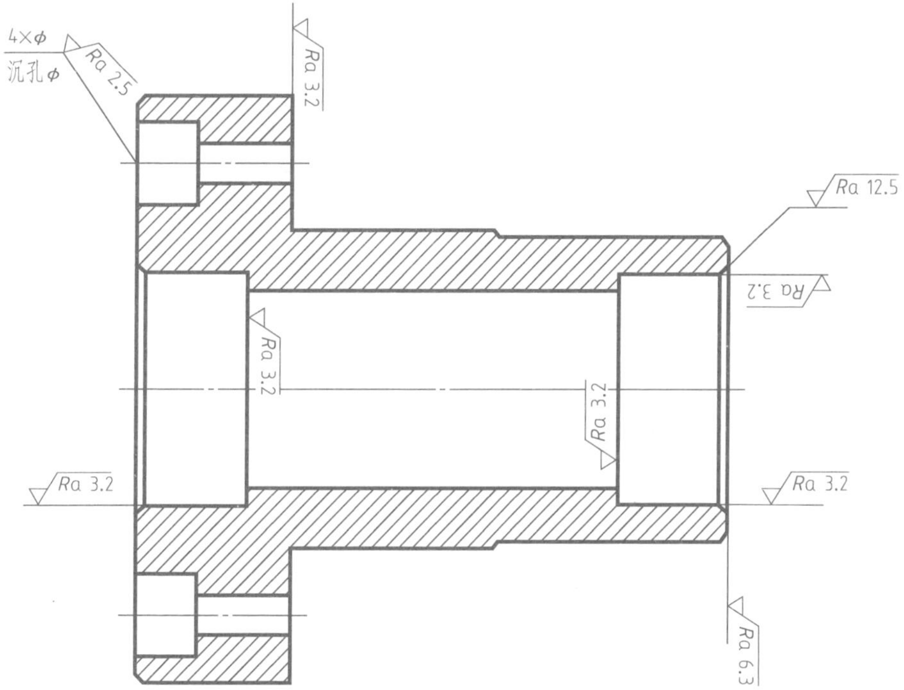

班级：________ 姓名：________ 学号：________

(3) 根据零件图中的尺寸，在装配图中标出其基本尺寸和配合代号，并填写下表。

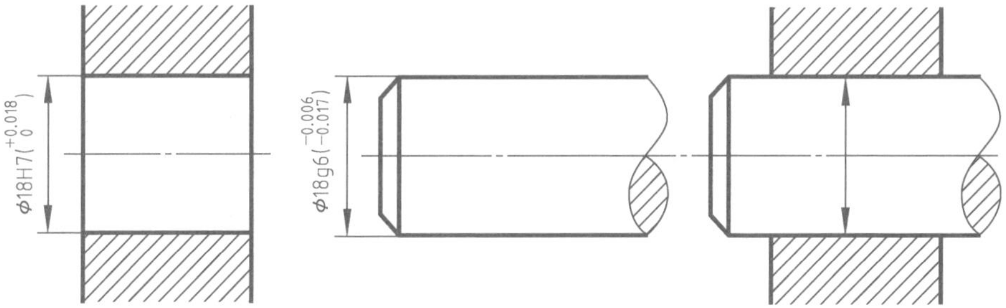

尺寸名称		基本尺寸	最大极限尺寸	最小极限尺寸	上偏差	下偏差		配合基准制	配合种类
数值（mm）	孔				ES=	EI=			
	轴				es=	ei=			

(4) 根据装配图，在相应的零件图上分别注出基本尺寸和极限偏差（查表），并说明配合代号的意义。

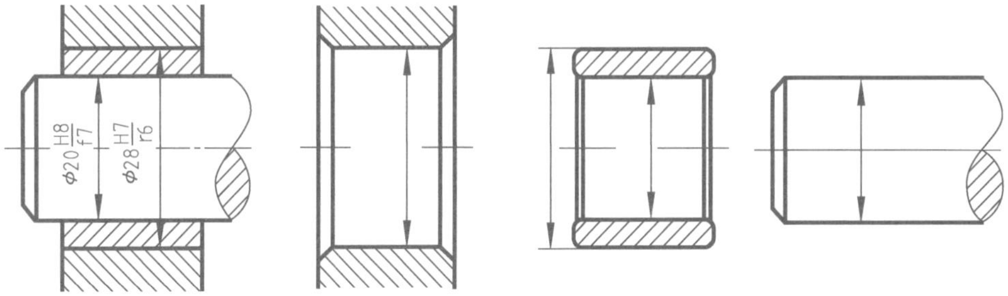

$\phi 20\frac{H8}{f7}$：基本尺寸________，基准制________，配合种类________；孔的公差带代号________，轴的公差带代号________。

$\phi 28\frac{H7}{r6}$：基本尺寸________，基准制________，配合种类________；孔的公差带代号________，轴的公差带代号________。

（5）根据齿轮与轴的装配图，分别在相应的零件图上注出基本尺寸、公差带代号及极限偏差值（查表），并说明配合代号的含义。

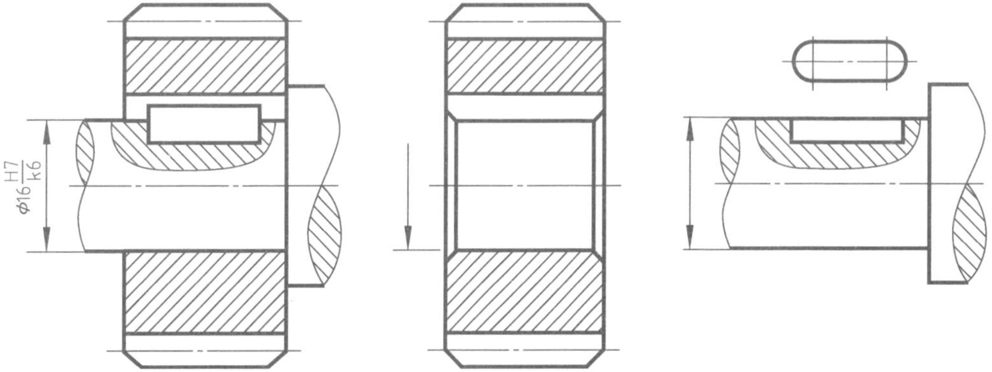

$\phi 16\frac{H7}{k6}$：基本尺寸________，基准制________，配合种类________；孔的公差带代号________，轴的公差带代号________。

班级：__________ 姓名：__________ 学号：__________

（6）图中轴与孔的基本尺寸为$\phi 20$，采用基轴制配合，轴的公差等级为7级，孔的公差等级为8级，孔的基本偏差为F，试在装配图中注出基本尺寸和配合代号；分别在相应的零件图上注写基本尺寸、公差带代号及极限偏差值（查表），并说明配合种类__________。

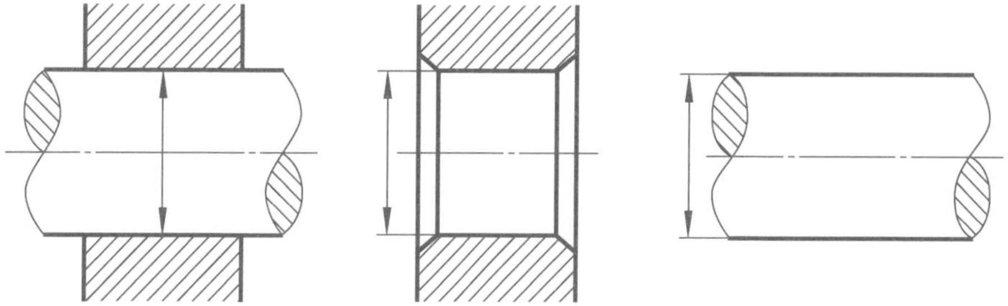

（7）从给出的图形中选择回转泵泵体合适的表达方案及视图数量。

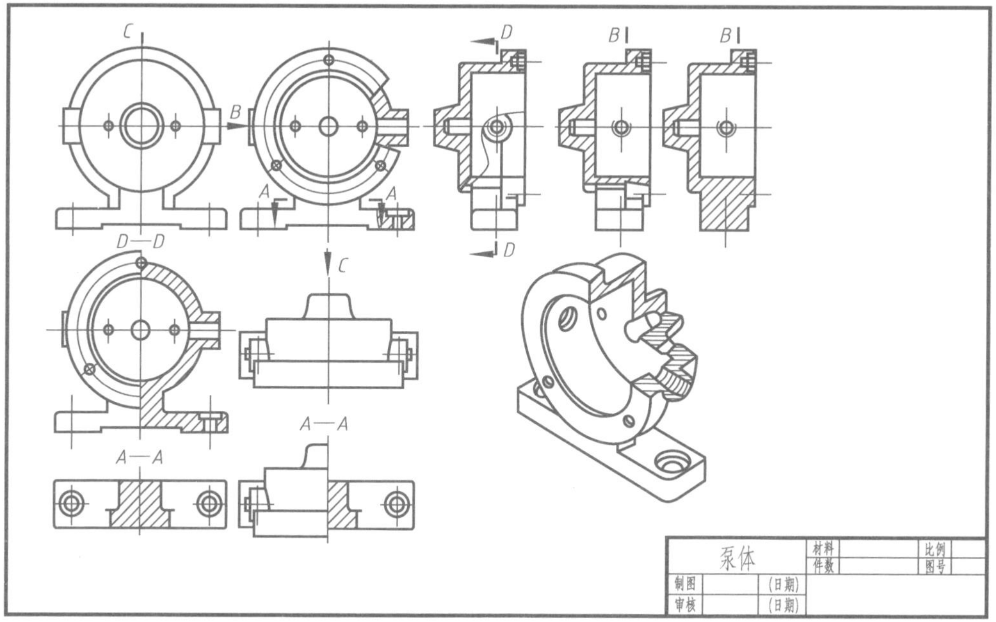

识读零件图，回答问题。

1. 轴零件图

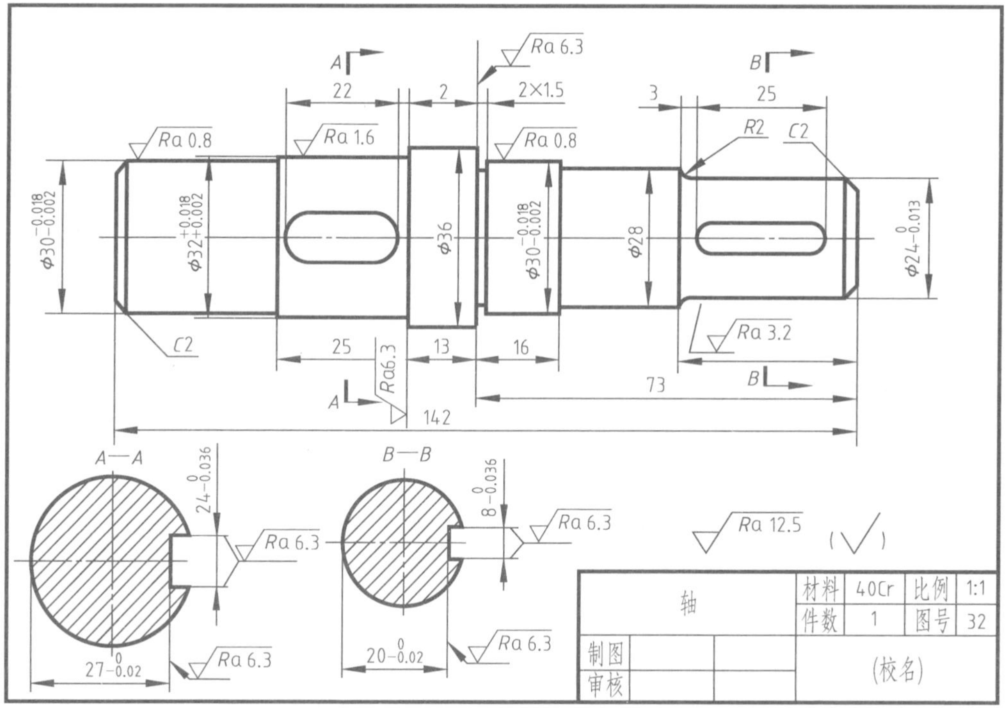

(1) 该零件的名称是________，绘图比例为________，材料是________，共用了________个图形表示，其中有________个基本视图，两个________图。

(2) 图中$\phi 32^{+0.018}_{+0.002}$表示基本尺寸是________，上偏差是________，下偏差是________，公差值为________。

(3) 该零件的表面粗糙度要求最高的Ra值为________，最低为________。

(4) 宽度为10的键槽定位尺寸为________，键槽长度为________，键槽深度为________。

2. 轴套零件图

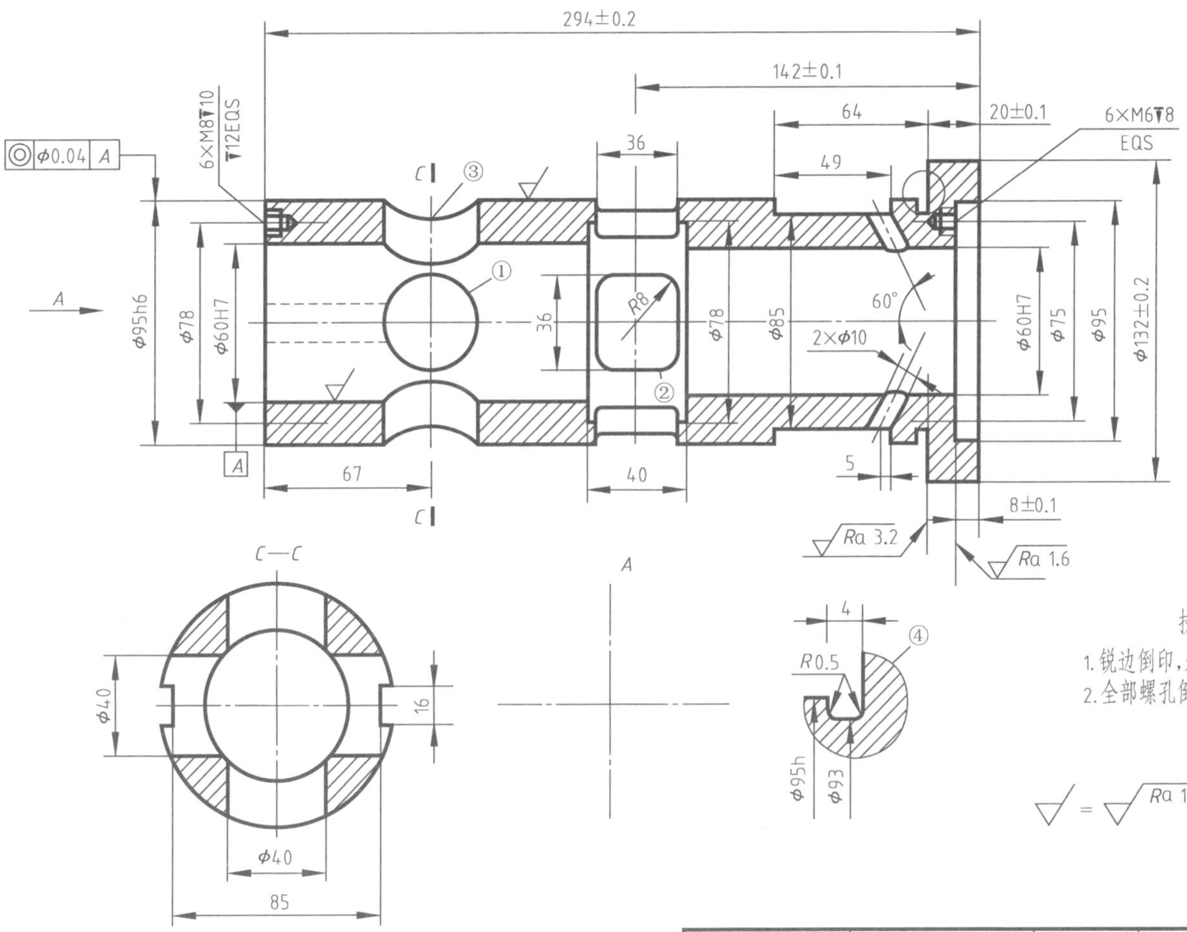

技术要求

1. 锐边倒印，未注倒角为C2。
2. 全部螺孔倒角为C2。

√ = √Ra 1.6 √Ra 12.5 (√)

设计			45	(厂名)
校核				套筒
审核			比例 1:1	(图号)

班级：________ 姓名：________ 学号：________

(1) 在图中指出轴向及径向主要尺寸基准。

(2) 套筒左端有________个螺孔，螺纹深度为________，左端两条虚线之间的距离为________。

(3) 图中标有①的直径为________。图中标有②的定形尺寸为________，定位尺寸为________。

(4) 图中标有③的曲线是由________和________相交而成的________。

(5) 靠近右端 2×φ10 孔的定位尺寸为________。

(6) φ60H7 孔的基本尺寸为________，基本偏差为________，公差等级为________，表面粗糙度为________。

(7) 局部放大图表达的目的是____________________________________。

(8) 说出图中形位公差的含义____________________________________。

(9) 画出 A 向视图。

(10) 画出②处位置的断面图。

3. 端盖零件图

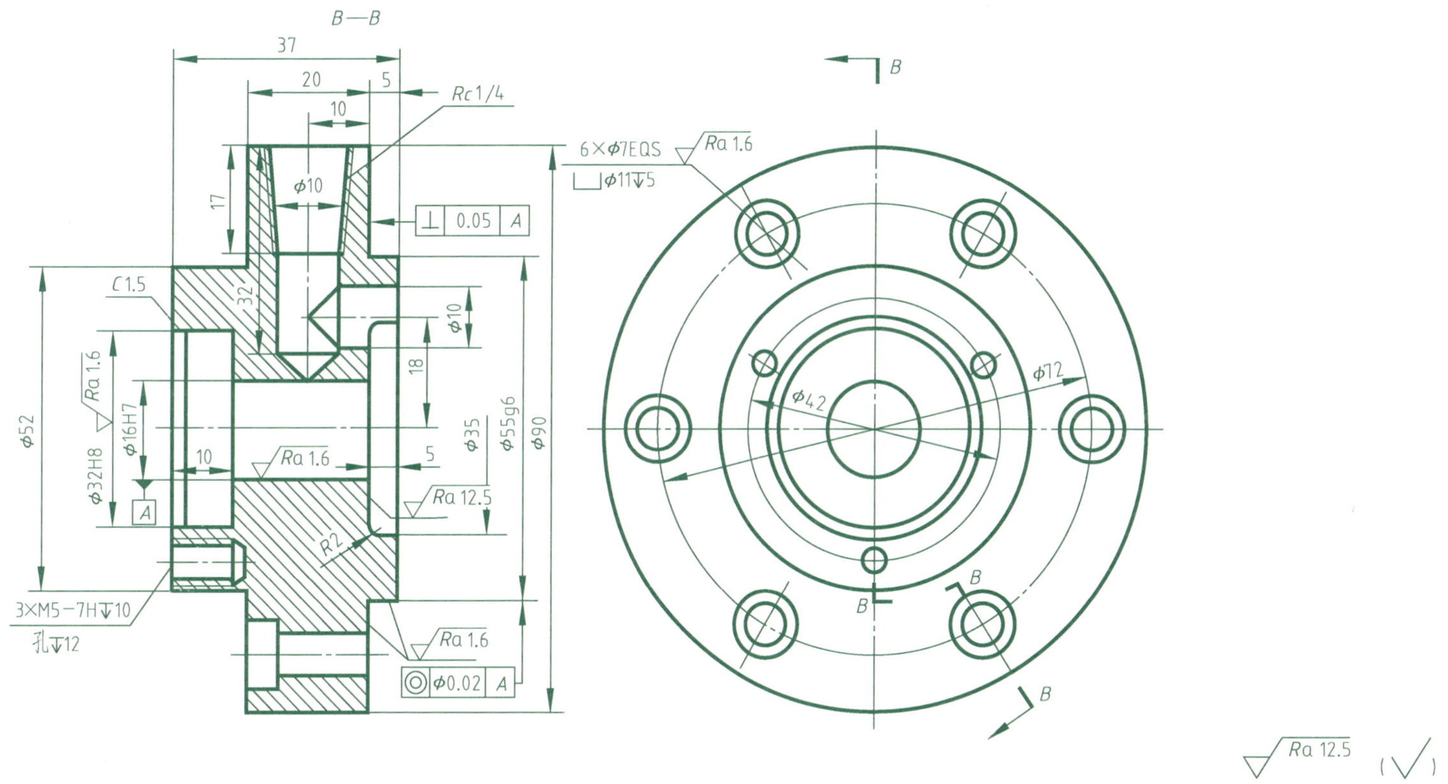

技术要求

1. 铸件不得有砂眼、裂纹。
2. 锐边倒角C1。

标记	件数	分区	更改文件号	签名	年月日	端盖				单位名称
设计			标准化			图段标记		重量	比例	HT150
审核									1:1	图样代号
工艺			批准			共	张	第	张	

班级：＿＿＿＿＿＿ 姓名：＿＿＿＿＿＿ 学号：＿＿＿＿＿＿

(1) 端盖主视图用________________表达零件内部结构。

(2) $\frac{6\times\phi 7EQS}{\sqcup\phi 11 \downarrow 5}$的含义是________________，其定位尺寸是________________。

(3) $\frac{3\times M5-7H \downarrow 10}{孔 \downarrow 12}$的含义是________________，其定位尺寸是________________。

(4) 其余表面粗糙度为________________。

(5) φ55g6 轴的基本尺寸为________，基本偏差为________，公差等级为________，表面粗糙度为________。

(6) Rc1/4 是________________螺纹。

(7) |◎|φ0.02|A|的含义是________________。

(8) 画出该零件的右视图。

班级：________ 姓名：________ 学号：________

4. 托架零件图

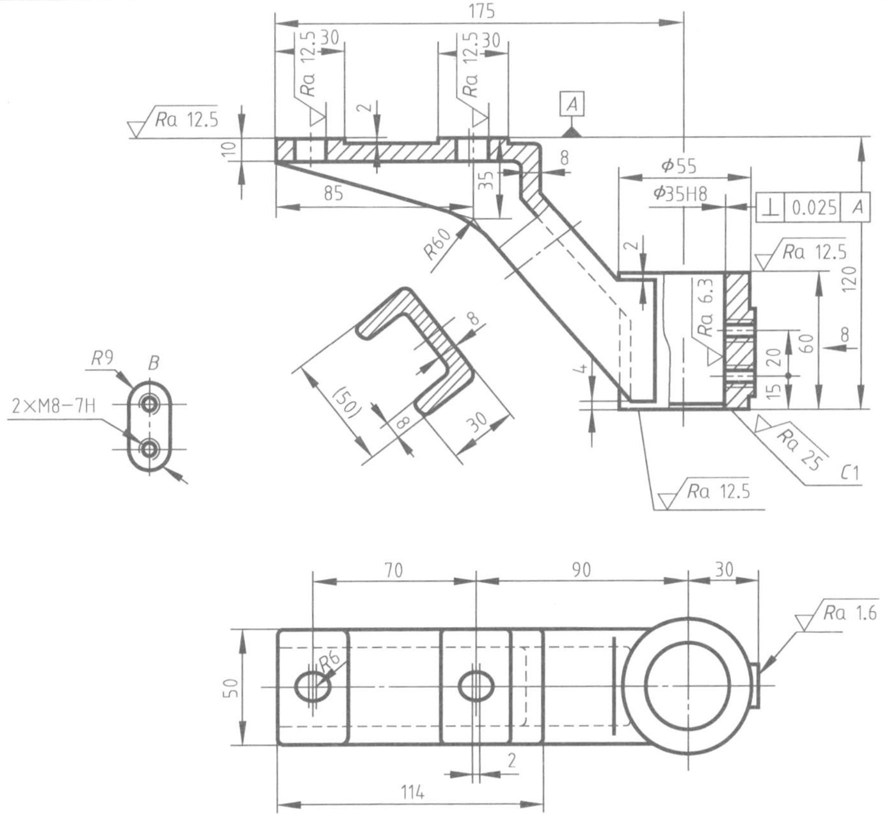

技术要求：

1. 铸件不得有砂眼、裂纹。
2. 未注圆角$R3-R5$。

						端盖			单位名称
标记	件数	分区	更改文件号	签名	年月日				
设计			标准化			图段标记	重量	比例	HT150
								1:1	
审核									图样代号
工艺			批准			共 张 第 张			

班级：________ 姓名：________ 学号：________

(1) 该零件的名称是________，属于________类零件，材料为________，比例为________。

(2) 零件由________个图形表达，主视图采用了________剖视，其他三个图形分别是________，________，________。

(3) 在图中指出长、宽、高三个方向的主要尺寸基（用箭头指明，引线标注）。

(4) 分析图中尺寸，写出三个定位尺寸__________________总体位尺寸__________________。

(5) 表面粗糙度共有________级，要求最高的表面Ra值是__________________。

(6) [⊥ | 0.025 | A]的含义是______________________________。

(7) 2×M8－7H是____________螺纹。

(8) 画出该零件的左视图（外形）。

班级：__________ 姓名：__________ 学号：__________

5. 十字接头零件图

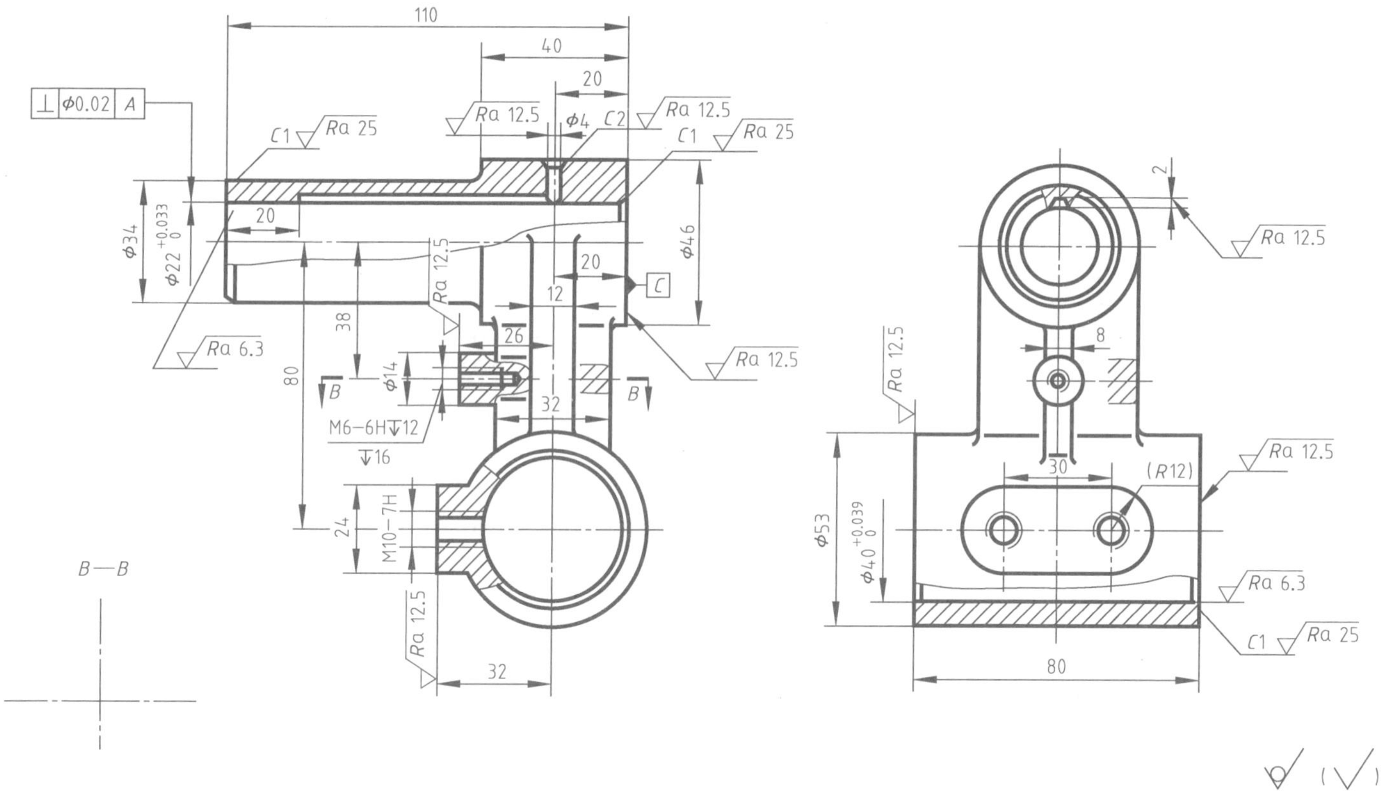

技术要求：

1. 铸件不得有砂眼、裂纹。
2. 未注圆角$R2-R3$。

						十字接头			单位名称
标记	件数	分区	更改文件号	签名	年月日				HT150
设计			标准化			图段标记	重量	比例	
								1:1	图样代号
审核									
工艺			批准			共　张	第	张	

班级：__________ 姓名：__________ 学号：__________

(1) 该零件的名称是________，属于________类零件。

(2) 十字接头的结构由________部分，________部分和________部分组成。

(3) 在图中指出长、宽、高三个方向的主要尺寸基（用箭头指明，引线标注）。

(4) 分析图中尺寸，下列尺寸属于哪种类型尺寸。80是________尺寸，38是________尺寸，40是________尺寸，24是________尺寸，是________尺寸。

(5) 表面粗糙度共有________级，要求最高的表面Ra值是__________________________。

(6) $\phi 40^{0.039}_{0}$ 的基本尺寸为________，最大极限尺寸为________，最小极限尺寸为________，公差值为________。

(7) 零件上共有________个螺纹，它们的尺寸分别是__________________________。

(8) 解释 ⊥ | ϕ0.02 | A 的含义。

基准要素是____。

被测要素是____。

公差项目是________。

公差值是____。

(9) 画出该零件的 B—B 断面图。

班级：__________ 姓名：__________ 学号：__________

6. 底座零件图

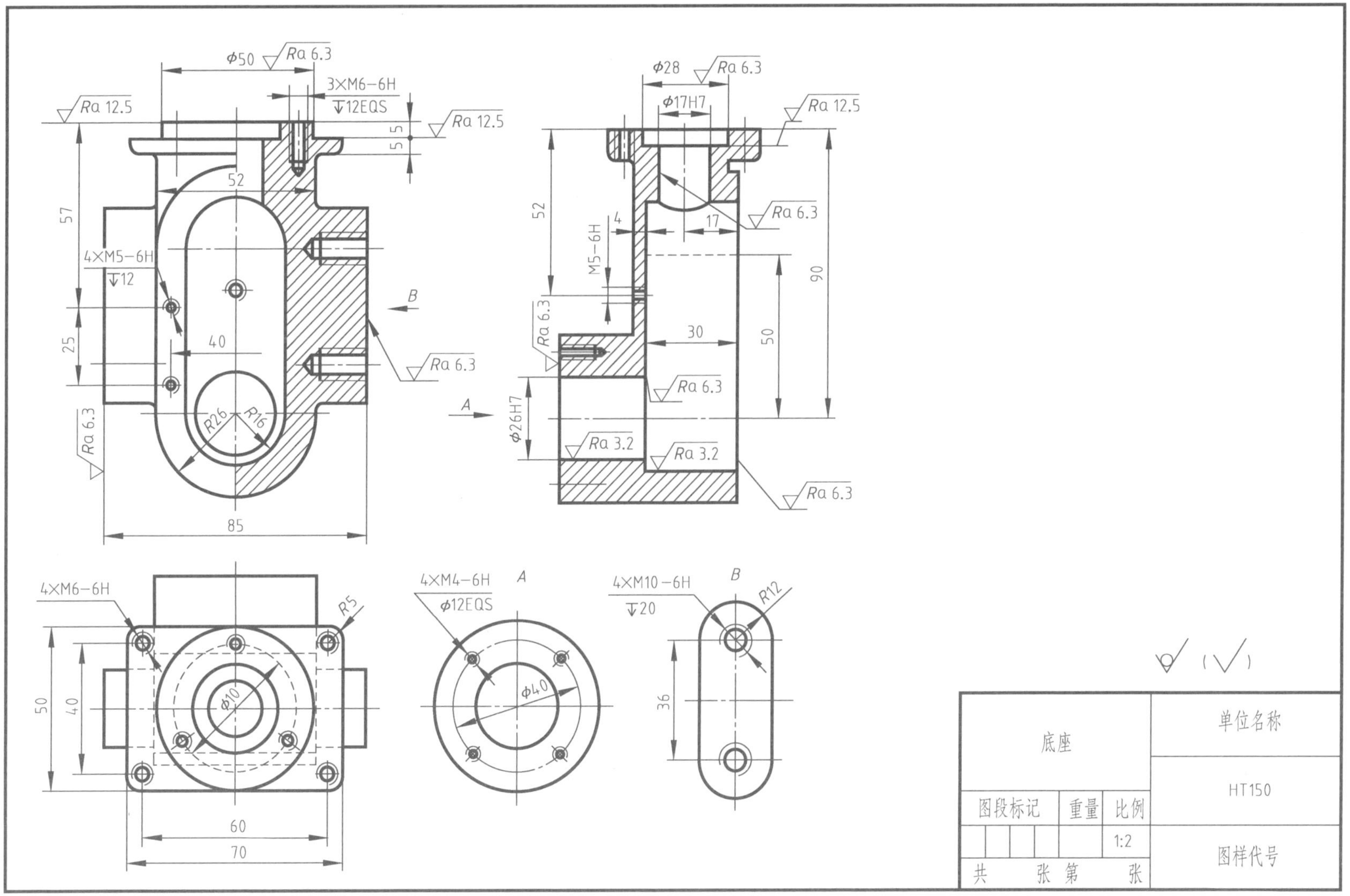

φ50 Ra 6.3
3×M6-6H
↧12EQS
Ra 12.5
Ra 12.5
5
5
52
57
4×M5-6H
↧12
B
40
25
Ra 6.3
Ra 6.3
A
R26
R16
85
φ28 Ra 6.3
φ17H7
Ra 12.5
52
4
17
Ra 6.3
M5-6H
90
30
50
Ra 6.3
Ra 6.3
φ26H7
Ra 3.2
Ra 3.2
Ra 6.3
4×M6-6H
R5
50
40
φ10
60
70
4×M4-6H
φ12EQS
A
φ40
4×M10-6H
↧20
B
R12
36
(√)
底座
单位名称
HT150
图段标记
重量
比例
1:2
图样代号
共 张 第 张

(1) 该零件主视图采用________剖，左视图采用________剖。

(2) A 向视图表达________________结构，B 向视图表达________________结构。

(3) 在图中指出长、宽、高三个方向的主要尺寸基（用箭头指明，引线标注）。

(4) $\frac{4\times M5-6H}{\downarrow 12}$含义是________________________________，定位尺寸是________________________。

(5) 该零件其余表面粗糙度是________________________。

(6) 画出该零件的左视图（外形）。

班级：____________ 姓名：____________ 学号：____________

7. 箱盖零件图

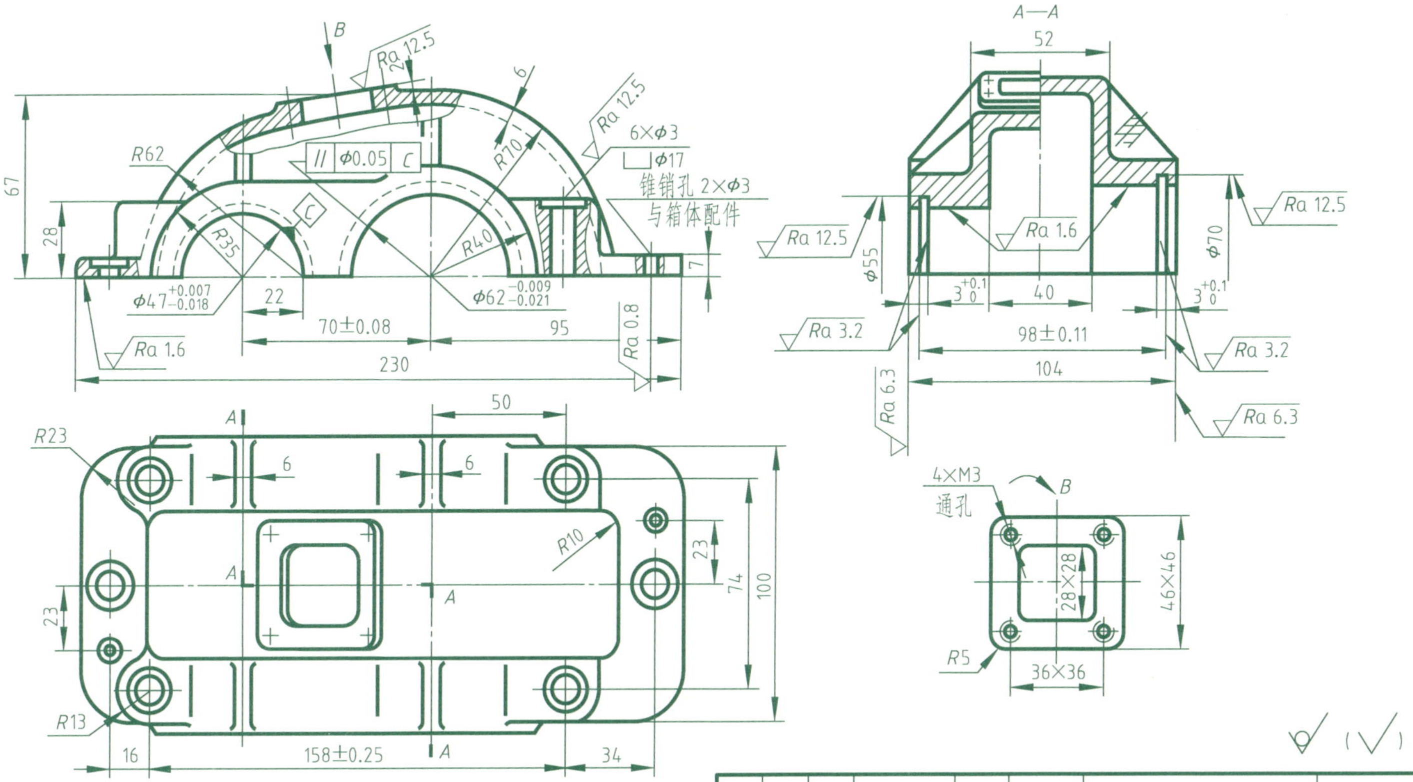

技术要求：

1. 铸件做时效处理。
2. 未注圆角R2−R3。

						箱盖	单位名称
标记	件数	分区	更改文件号	签名	年月日		HT150
设计			标准化			图段标记 / 重量 / 比例	
						1:1	图样代号
审核							
工艺			批准			共 张 第 张	

(1) 箱盖零件共用________个图形表达，主视图和俯视图主要表达外形，左视图采用两个________剖切平面剖出，表达内部形状。主视图共有________处局部剖视，B向局部视图表示箱盖上部的__________________________，它与视孔盖由________个螺钉连接。

(2) 箱盖零件图上 $2\times\phi3$ 锥销孔定位尺寸是________，________。

(3) 主视图上的尺寸 70 ± 0.08 是箱盖两个半圆孔之间的________________尺寸，$\phi47^{+0.007}_{-0.018}$ 和 $\phi62^{+0.009}_{-0.021}$ 圆柱内表面的表面粗糙度分别为________________________，________________________。

(4) 指出长、宽、高三个方向的主要尺寸基准，并找出主视图中有________个定位尺寸，俯视图中有________个定位尺寸，主视图中的尺寸22是确定________圆的位置的定位尺寸。

(5) | // | φ0.05 | C | 形位公差含义是____

零件图大作业

注意事项：

① 作图时，要以企业要求，严肃、认真、高度负责地进行。

② 全面运用已学过的知识，综合加以应用。

③ 所绘制的图形应满足以下要求：

a. 要符合标准（图形绘制，尺寸标注、技术要求的注写等）。

b. 尽量符合生产实际（工艺结构合理等）。

c. 布局合理，图形简洁、尺寸清晰、字迹工整，便于看图。

（1）根据给定的轴绘制轴零件图，用 A3 图纸按 1∶1 绘制，视图数量的确定以表达清楚为原则。

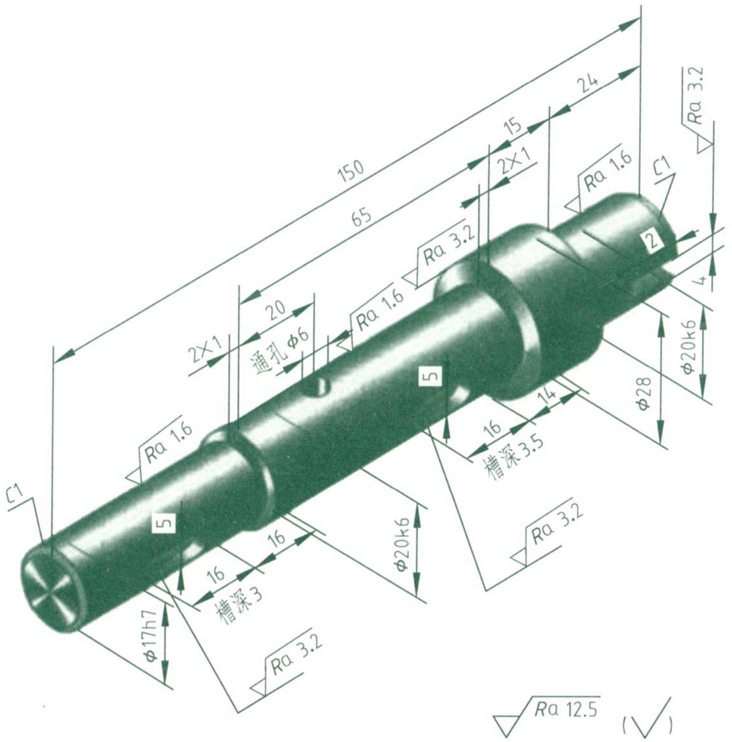

技术要求：

名称：输出轴；

材料：45。

1. 淬火硬度 40—50HRC；

2. 去除毛刺。

班级：＿＿＿＿＿　姓名：＿＿＿＿＿　学号：＿＿＿＿＿

(2) 根据支架轴测图绘制零件图，用A3图纸按1∶1绘制，视图数量的确定以表达清楚为原则。

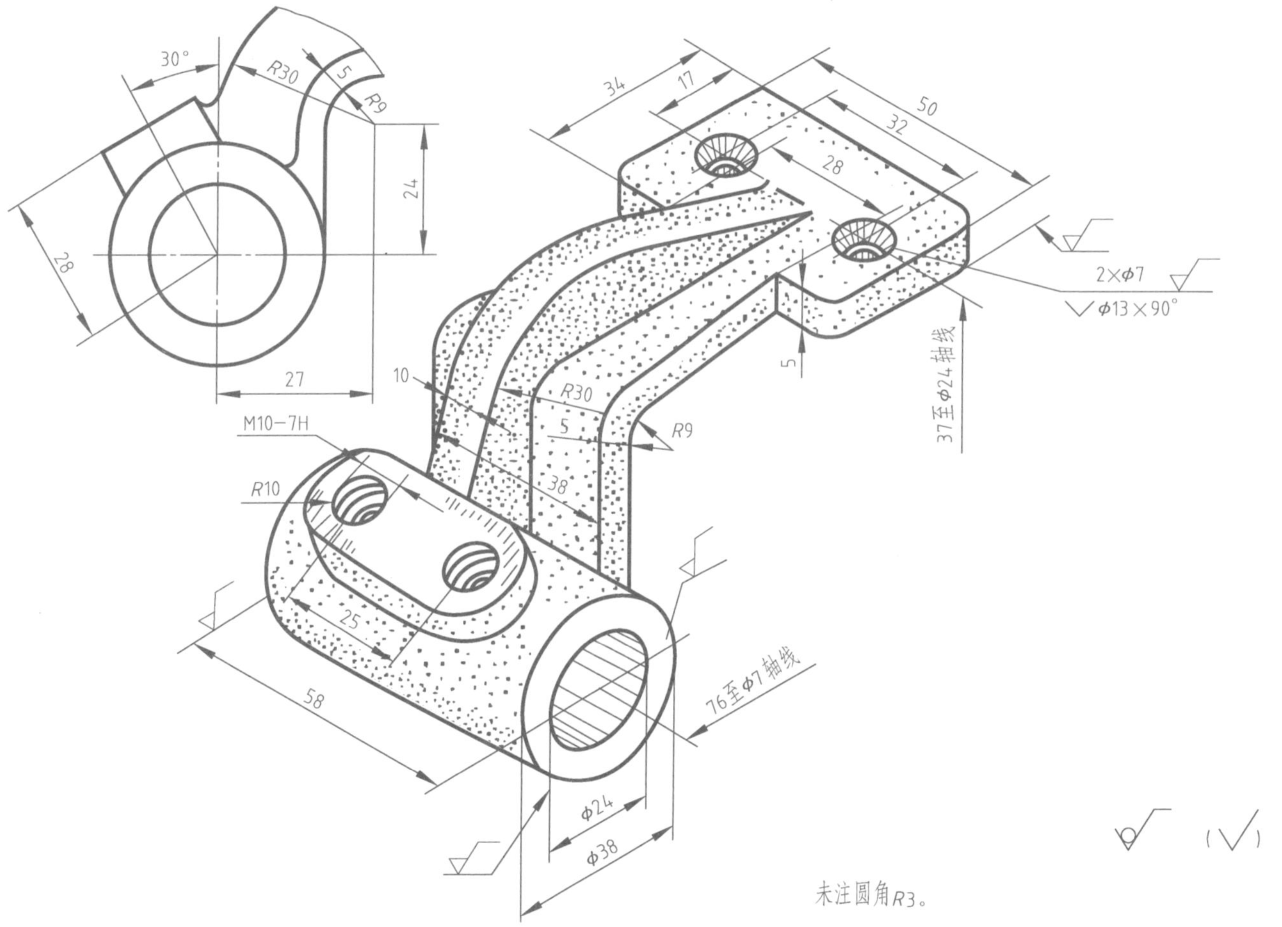

项目六　识读与绘制装配图

任务一　识读装配图

1. 识读齿轮传动式偏心滑块机构装配图

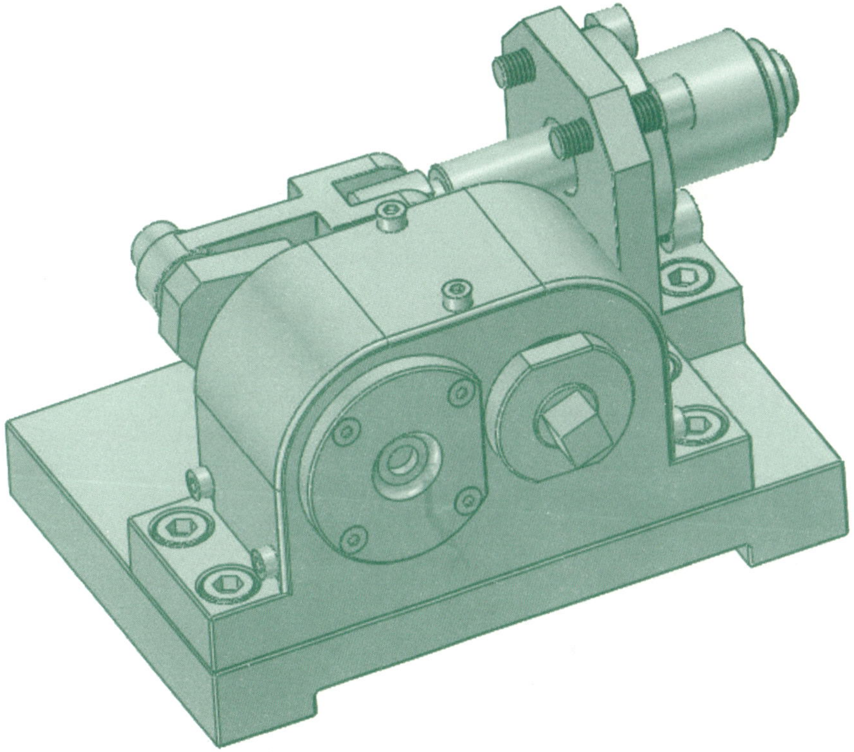

班级：＿＿＿＿＿＿　　姓名：＿＿＿＿＿＿　　学号：＿＿＿＿＿＿

CLHKJG-00

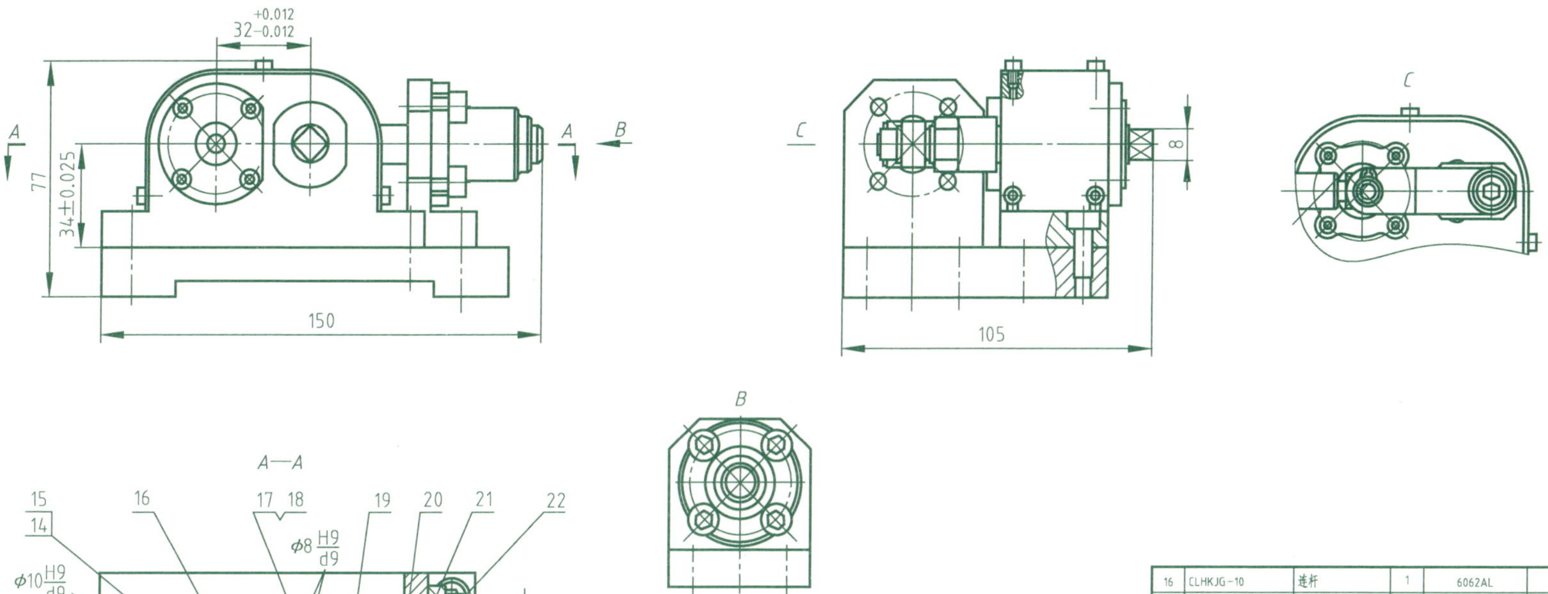

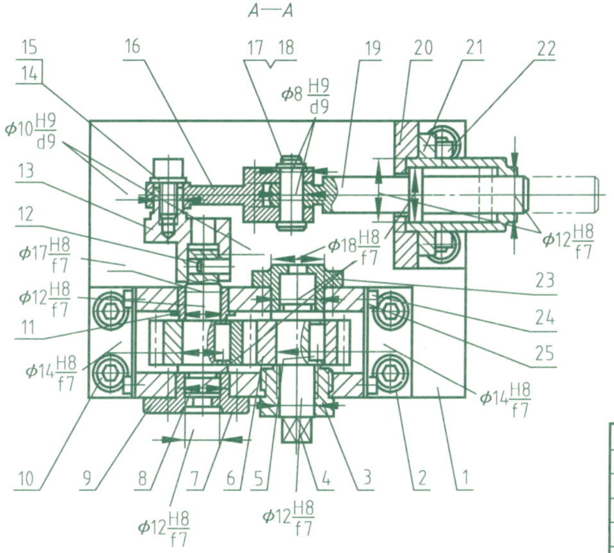

技术要求

1. 零件在装配前必须清洗干净，不得有毛刺、飞边、氧化皮、锈蚀、切屑、油污、着色剂和灰尘等。
2. 平键与轴上键槽两面三刀侧面应均匀接触，其配合面不得有间隙。
3. 螺钉、螺栓和螺母紧固时，严禁打击或使用不合适的旋具和扳手。紧固后螺钉槽、螺母和螺钉、螺栓头部不得损坏。
4. 装配过程中零件不允许磕、碰、划伤和锈蚀。
5. 装配后要求转动灵活，无卡阻或干涉现象。
6. 滑块行程距离 0～20mm。

序号	图 号	名 称	数量	材 料	单件 重量	总计 重量	备 注
25	CLHKJG-16	防尘罩	1	Q235			
24	GB/T70.1-2008	内六角螺柱头螺钉M3×6	6	Q235			
23	CLHKJG-15	输入轴端盖	1	6062AL			
22	GB/T70.1-2008	内六角螺柱头螺钉M6×10	4	Q235			
21	CLHKJG-14	缸体	1	45			
20	CLHKJG-13	缸体支座	1	6062AL			
19	CLHKJG-12	活塞杆	1	45			
18	GB/T894.1-1986	轴用弹性挡圈-A型	1	65Mn			
17	CLHKJG-11	转销	1	45			

序号	图 号	名 称	数量	材 料	单件 重量	总计 重量	备 注
16	CLHKJG-10	连杆	1	6062AL			
15	GB/T97.1-2002	垫圈6	1	45			
14	GB/T77-2007	内六角平端紧定螺钉M6×12	1	Q235			
13	CLHKJG-09	偏心套	1	45			
12	GB/T73-1985	开槽平端紧定螺钉M5×16	1	Q235			
11	CLHKJG-08	轴套	1	45			
10	GB/T70.1-2008	内六角圆柱头螺钉M6×14	6	Q235			
9	CLHKJG-07	输出轴端盖	1	6062AL			
8	CLHKJG-06	输出轴	1	45			
7	GB/T819.1-2000	十字槽沉头螺钉 M3×12	8	Q235			
6	CLHKJG-05	齿轮	2	45			
5	GB/T1096-2003	平键 5×5×12	2	45			
4	CLHKJG-04	输入轴	1	45			
3	CLHKJG-03	螺纹密封套	1	45			
2	CLHKJG-02	齿轮支承座	1	6062AL			
1	CLHKJG-01	基座	1	6062AL			

标记	处量	更改文件号	签字	日期	图样标记	重量	比例	瞪轮传动式偏心滑块机构装配图
设计	Administrator	标准化					1:1	CLHKJG-0
审核								
工艺		日期			共12页	第12页		

班级：__________ 姓名：__________ 学号：__________

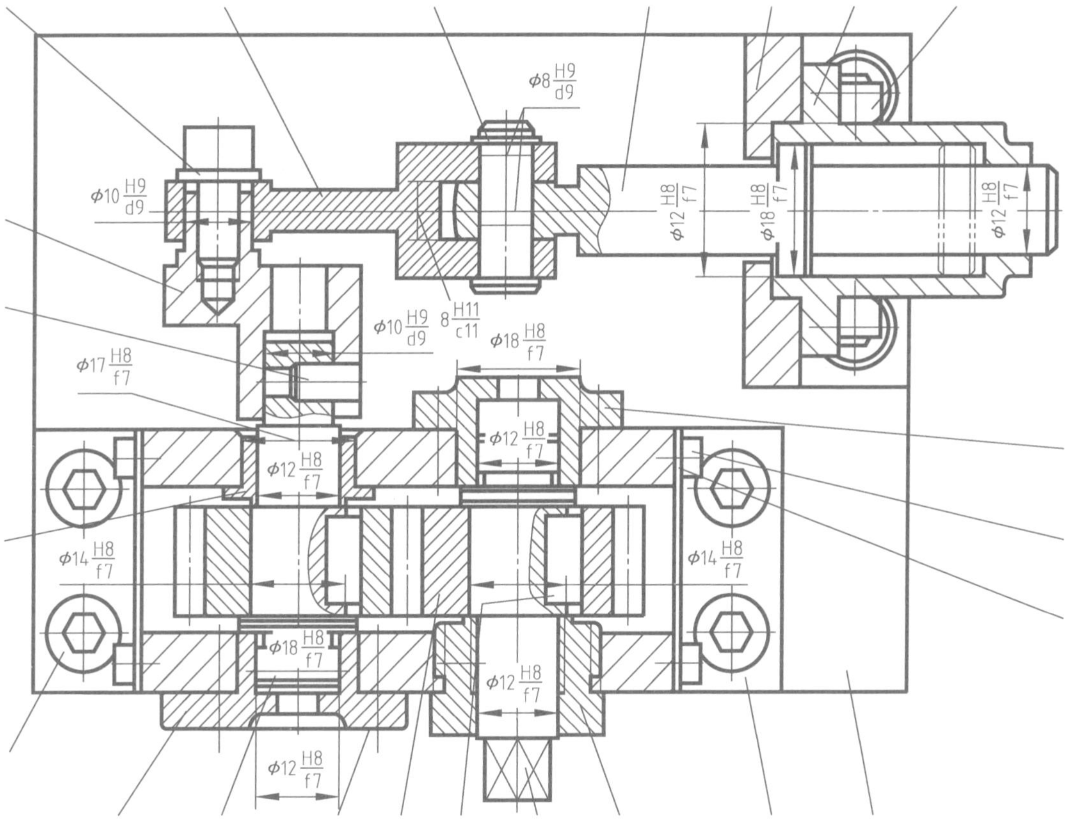

读装配图，并回答问题：

(1) 该部件名称为__________，共有______种零件。

(2) 装配图上有5个视图，分别是：______视图、______视图、______视图、______视图、______视图。采用______视图表达__________；采用______视图表达__________；采用______视图表达__________；采用______视图表达__________；采用______视图表达__________。

(3) 装配图上的主视图采用__________画法，俯视图采用__________画法。

(4) 装配图上标注的尺寸有__________。

(5) 说出俯视图中$\phi 12\frac{H8}{f7}$尺寸的含义（至少说出两个）。

(6) 两个啮合齿轮中心距是__________。

班级：______ 姓名：______ 学号：______

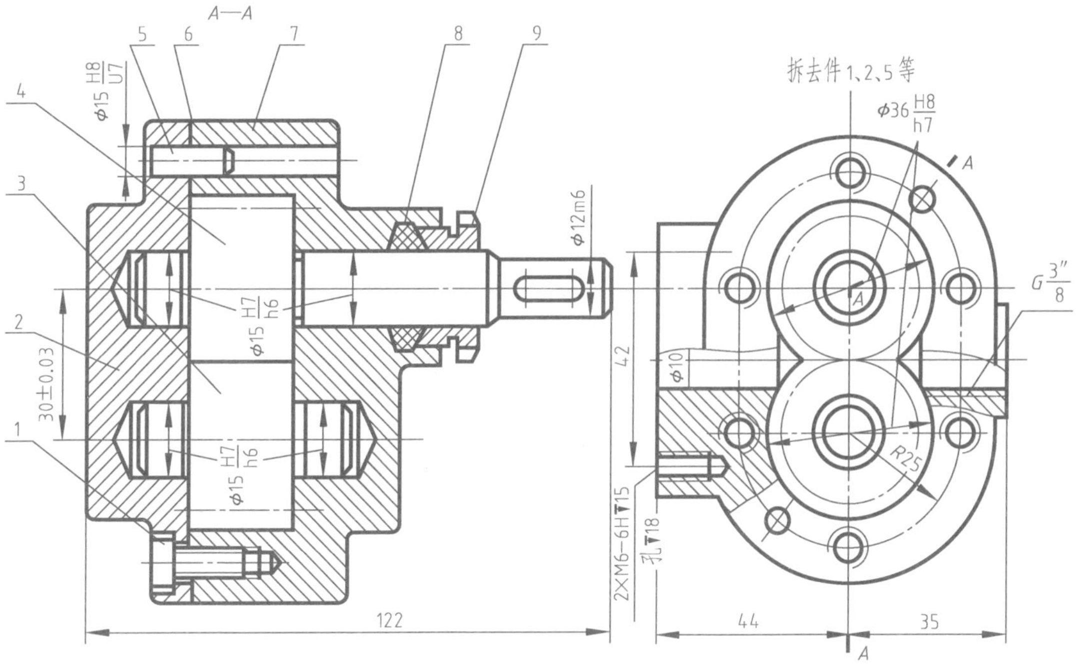

技术要求：
1.齿轮安装后，应灵活转动。
2.两齿轮轮齿合面应占齿长的3/4以上。

序号	名称	数量	材料	备注
9	螺塞	1	35	
8	填料	1	半粗毛 FJ314-84	
7	泵体	1	HT200	
6	垫片	1	软钢纸板 QB365-81	
5	销 D5×20	2	35	QB119-86
4	齿轮	1	45	

序号	名称	数量	材料	备注
3	齿轮	1	45	
2	泵盖	1	HT200	
1	螺钉 M6×16	6	35	GB70-85

齿轮油泵	比例		图号

班级：________ 姓名：________ 学号：________

读装配图，并回答问题：

(1) 齿轮油泵工作原理及作用？由多少种零件组成？其中标准件是多少件？

(2) 图中采用了哪些表达方法？其主要作用是什么？

(3) 有多少个齿轮？啮合齿轮中心距是多少？

(4) 齿轮油泵的外形尺寸、规格尺寸、安装尺寸、装配尺寸分别是多少？

(5) 泵盖 2 与泵体 7 是用什么连接？垫片 6、填料 8 起什么作用？

(6) ϕ 15H7/h6 是什么含义？分别查出它们的偏差值？

(7) 齿轮油泵有什么技术要求？

班级：__________ 姓名：__________ 学号：__________

根据虎钳装配示意图和零件图绘制装配图，图纸幅面和比例自选。

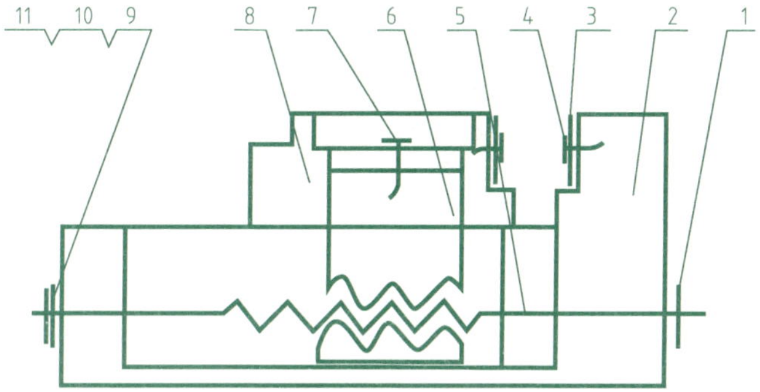

11	锥销	3×16 G8/T 119
10	螺母	Q235A2000068 2000
9	垫圈	Q275
8	活动钳身	HT200
7	螺钉	Q235A
6	螺母	45
5	螺杆	45
4	螺钉	M8×16　GB/T 68 2000
3	钳口板	65Mn
2	钳口板	HT200
1	垫圈	Q235A
序号	名称	材料或规格
虎钳示意图		

班级：__________　姓名：__________　学号：__________

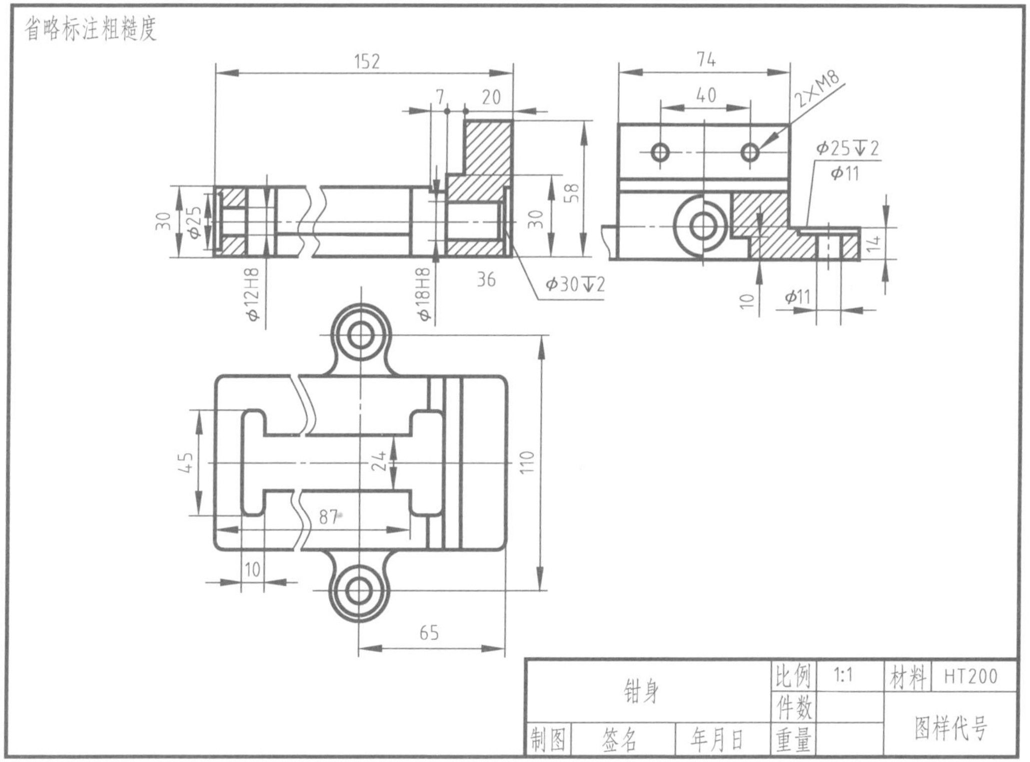
省略标注粗糙度
152
7
20
74
40
2×M8
φ25↧2
φ11
30
φ25
30
58
14
φ12H8
φ18H8
36
φ30↧2
10
φ11
45
24
87
110
10
65
钳身
比例
1:1
材料
HT200
件数
图样代号
制图
签名
年月日
重量

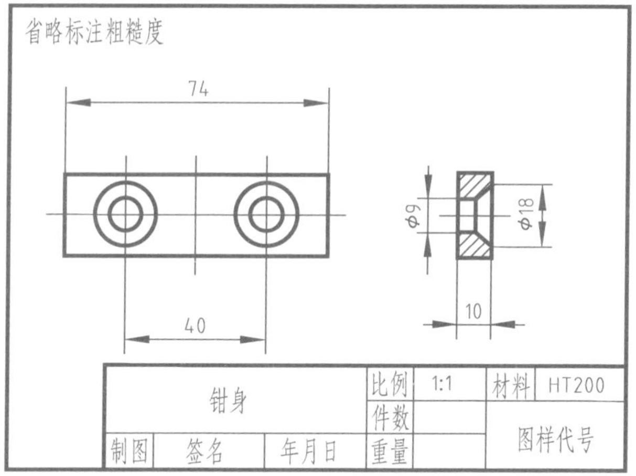
省略标注粗糙度
74
φ9
φ18
40
10
钳身
比例
1:1
材料
HT200
件数
图样代号
制图
签名
年月日
重量

班级：________ 姓名：________ 学号：________

省略标注粗糙度

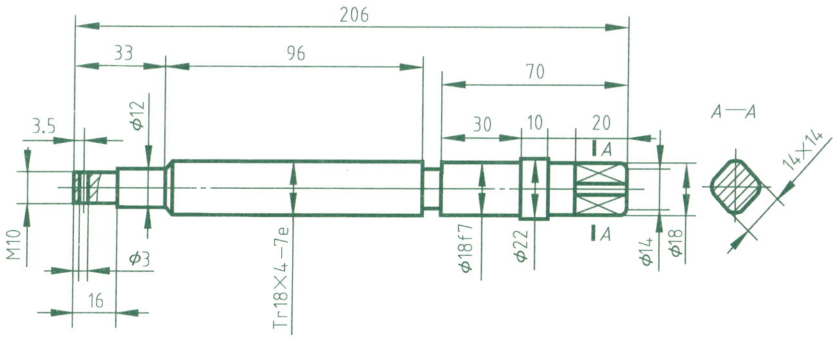

螺杆			比例	1:1	材料	HT200
			件数		图样代号	
制图	签名	年月日	重量			

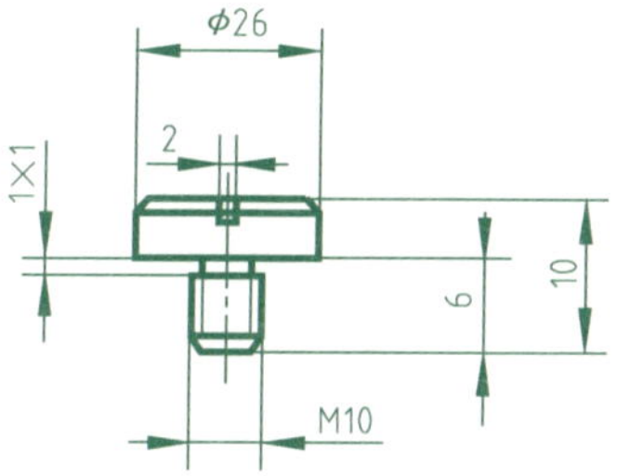

螺钉			比例	1:1	材料	HT200
			件数		图样代号	
制图	签名	年月日	重量			

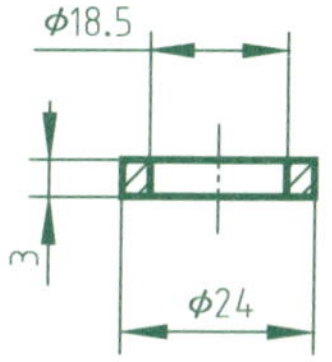

垫圈			比例	1:1	材料	HT200
			件数		图样代号	
制图	签名	年月日	重量			

班级：＿＿＿＿＿＿ 姓名：＿＿＿＿＿＿ 学号：＿＿＿＿＿＿

省略标注粗糙度

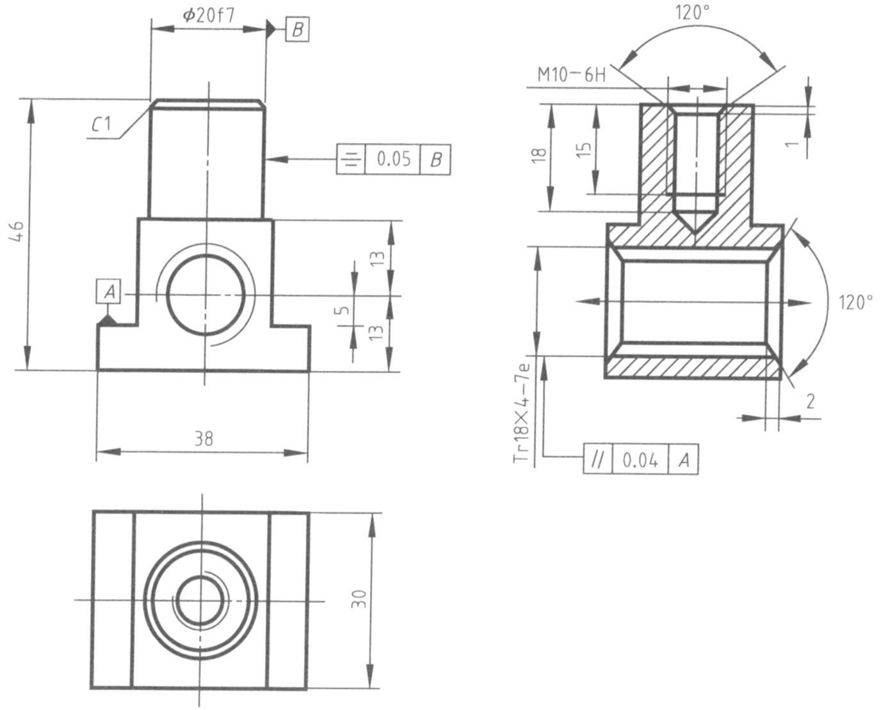

螺母		比例	1:1	材料	Q235
		件数		图样代号	
制图	签名	年 月 日	重量		

班级：________ 姓名：________ 学号：________

省略标注粗糙度

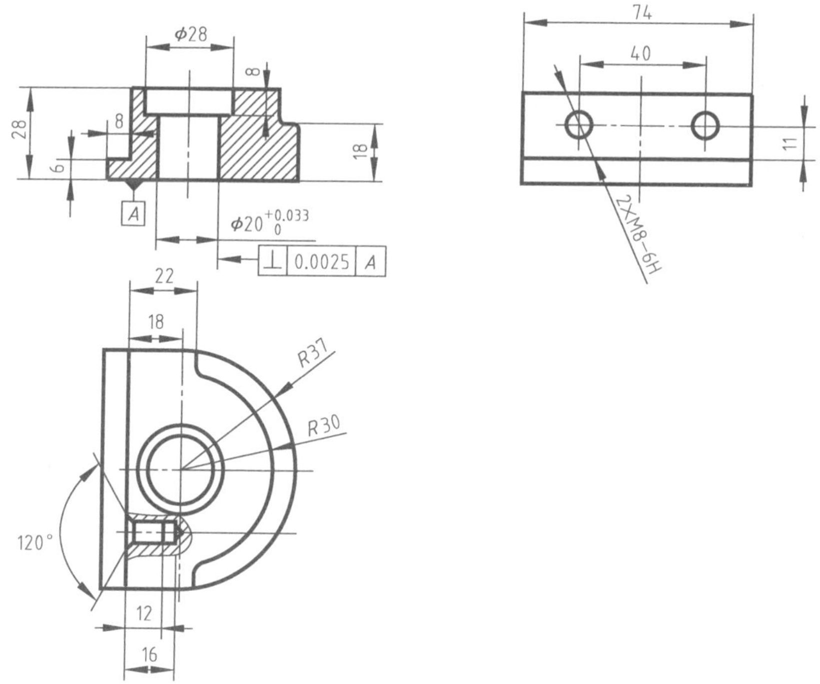

活动钳身			比例	1∶1	材料	HT200
			件数		图样代号	
制图	签名	年　月　日	重量			

班级：________　姓名：________　学号：________

知识点回顾

依据所学知识完成以下填空：

1. 一张完整的零件图应包括下列四项内容：__________、__________、__________、__________。
2. 图样中的图形只能表达零件的__________，零件的真实大小应以图样上所注的__________为依据。
3. 选择零件图主视图的原则有__________、__________、__________。
4. 标注尺寸的__________称为尺寸基准，机器零件在__________、__________、__________三个方向上，每个方向至少有一个尺寸基准。
5. 机器零件按其形体结构的特征一般可分为四大类，它们是__________、__________、__________、__________。
6. 零件上常见的工艺结构有__________、__________、__________、__________、__________、__________、__________、__________等。
7. 表面粗糙度是评定零件__________的一项技术指标，常用参数是__________，其值越小，表面越__________；其值越大，表面越__________。
8. 表面粗糙度符号__________表示表面是用__________的方法获得，__________表示表面是用__________的方法获得。
9. 当零件所有表面具有相同的表面粗糙度要求时，可在图样__________；当零件表面的大部分粗糙度相同时，可将相同的粗糙度代号标注在__________，并在前面加注__________两字。
10. 标准公差是国家标准所列的用以确定__________的任一公差。公差等级是确定__________的等级。标准公差分__________个等级，即______，等级依次__________；其中 IT 表示__________，阿拉伯数字表示__________。
11. 对于一定的基本尺寸，公差等级愈高，标准公差值愈__________，尺寸的精确程度愈__________。
12. 配合分为____________________、____________________、____________________三类。
13. 配合的基准制有__________和__________两种。优先选用__________。
14. 形状公差是指__________的形状对其__________的变动量。形状公差项目有__________、__________、__________、__________、__________、__________六种。
15. 位置公差是指__________的位置对其__________的变动量。理想位置由__________确定。
16. 位置公差项目有__________、__________、__________、__________、__________、__________、__________、__________八种。
17. 一张完整的装配图应具有下列四部分内容__________、__________、__________、____________________。
18. 装配图中常采用的特殊表达方法有__________、__________、__________、__________、__________、__________等。
19. 装配图中的尺寸种类有__________、__________、__________、__________、__________。

班级：________________ 姓名：________________ 学号：________________

项目七 计算机绘图

任务一 绘制平面图

(1)

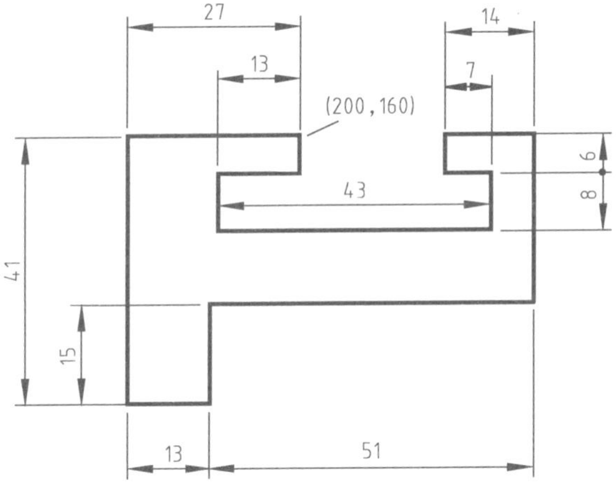

(2)

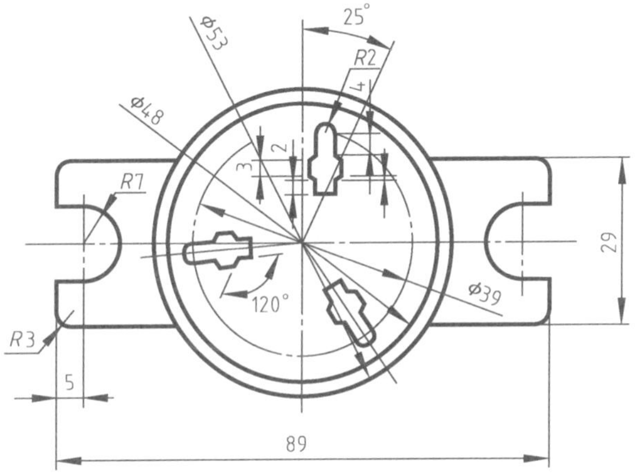

(3)

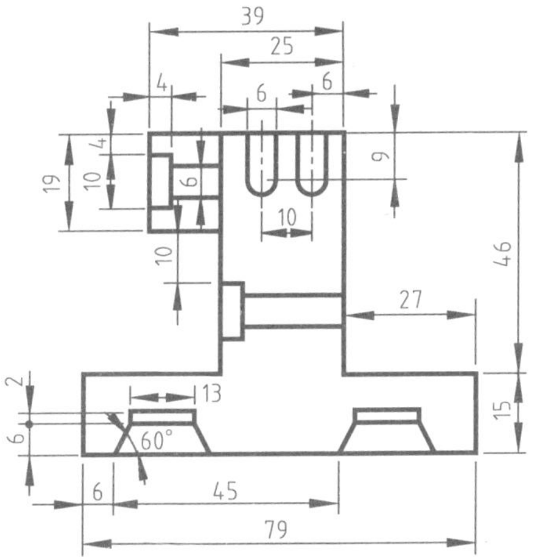

(4)

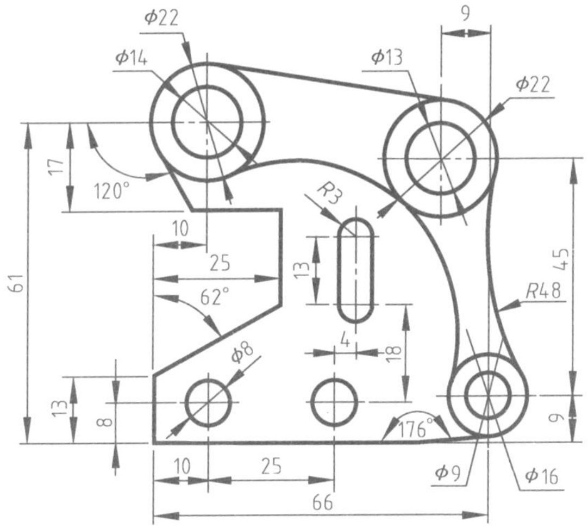

任务二　绘制三视图

(1)

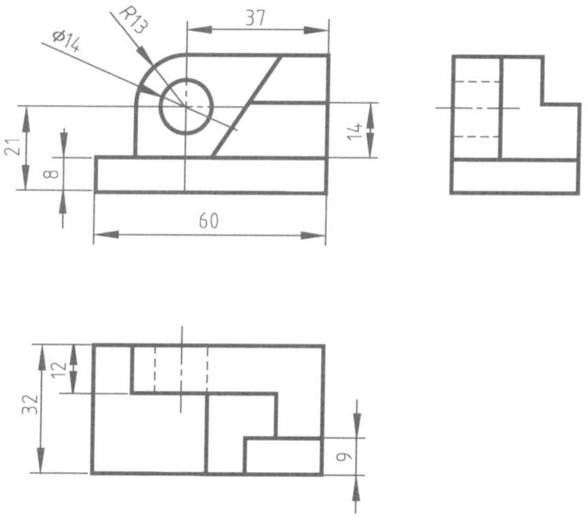

(2)

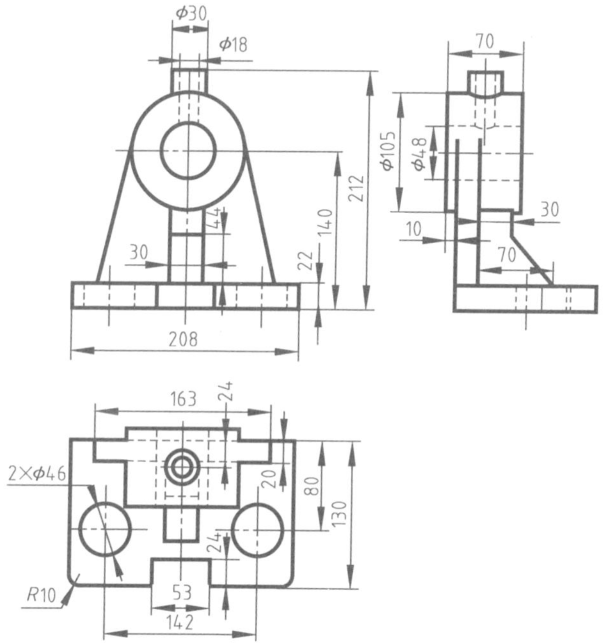

(3)

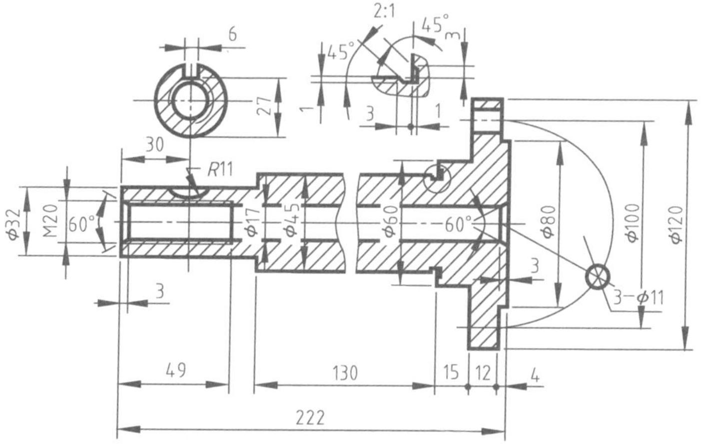

底座零件图

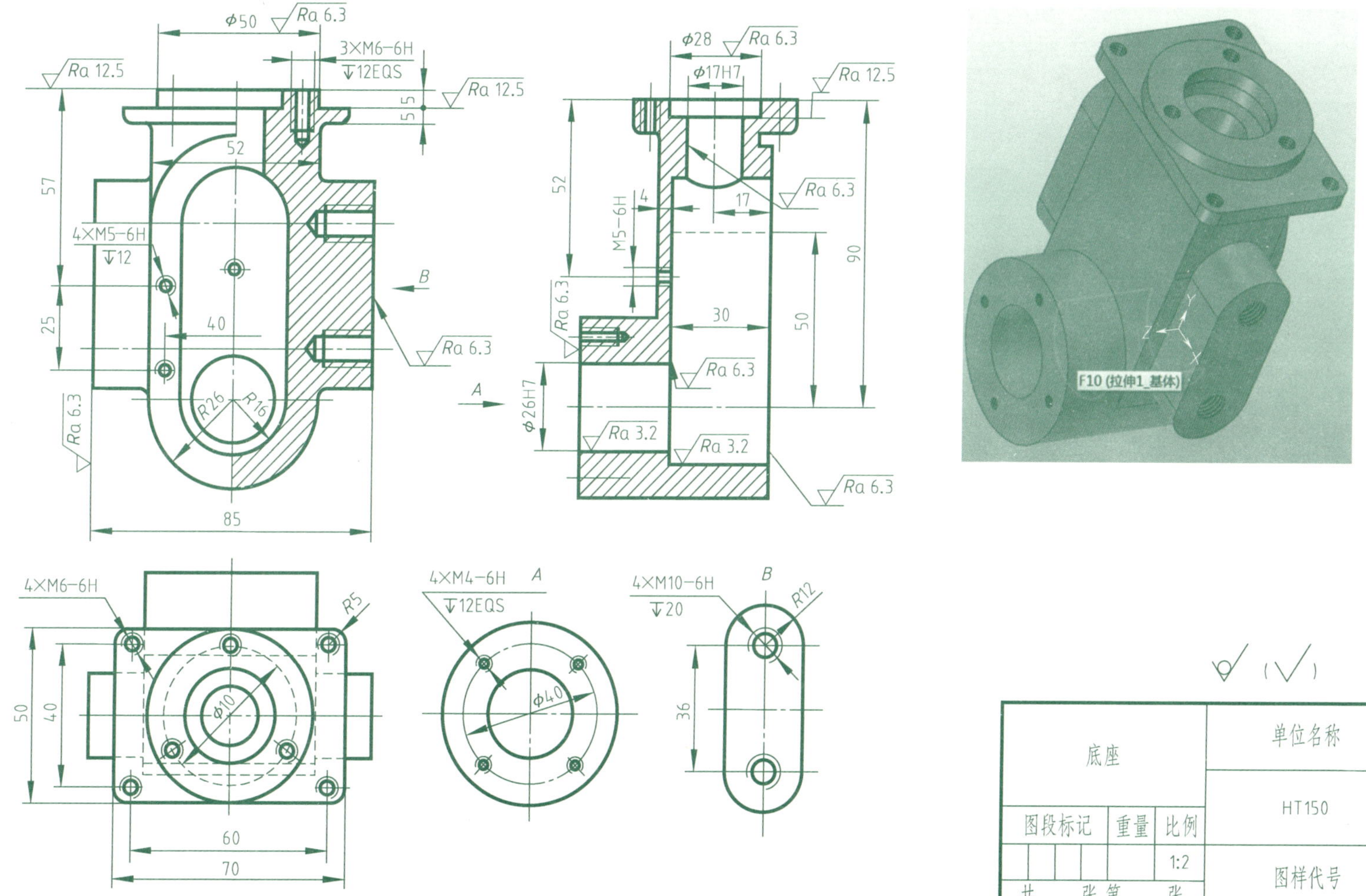

√ (√)

底座				单位名称
				HT150
图段标记	重量	比例		
		1:2		图样代号
共 张 第 张				

(1) 绘制轴测图。

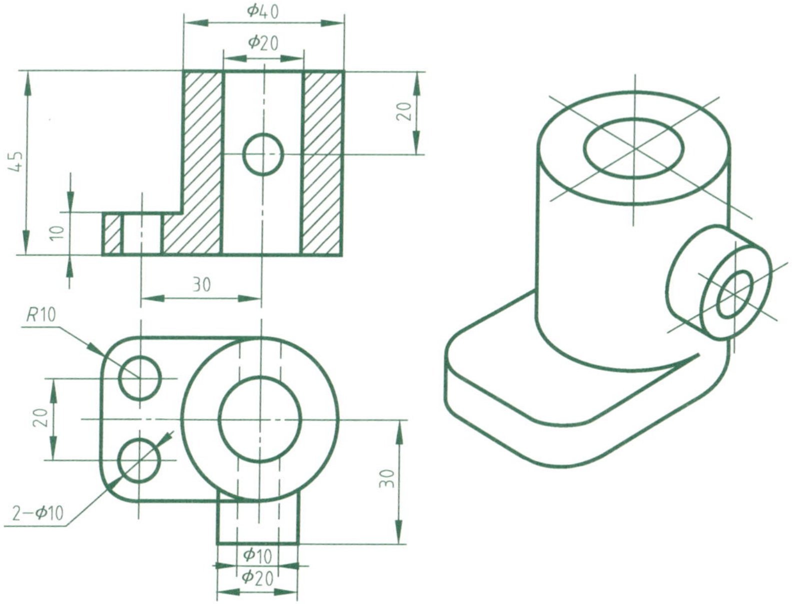

(2) 绘制三维图。

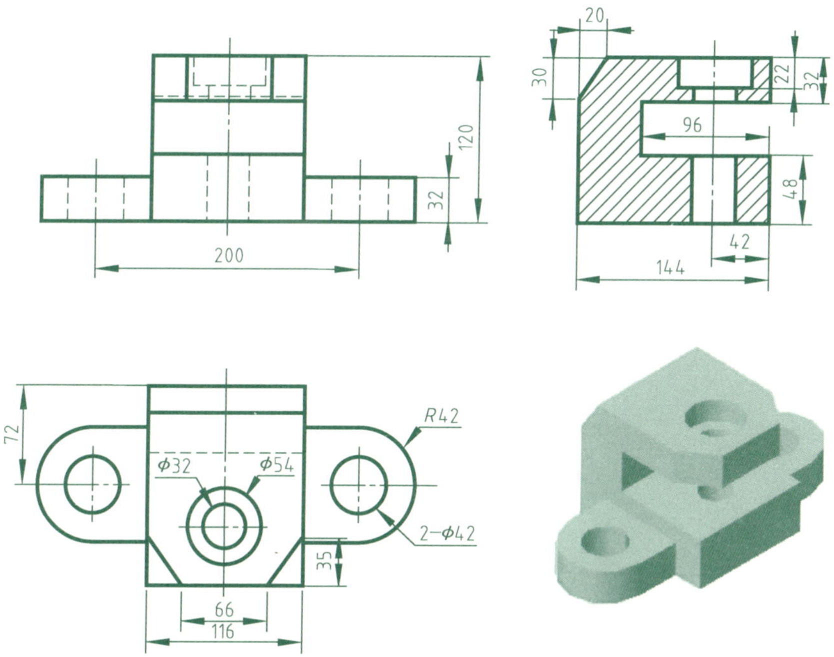

班级：________　　姓名：________　　学号：________